中国近代伦理学文献丛刊

李义天　张远航◎主编

第四部分·第一册

中央编译出版社
Central Compilation & Translation Press

图书在版编目 (CIP) 数据

中国近代伦理学文献丛刊 . 第四部分 / 李义天，张远航主编 . -- 北京：中央编译出版社，2022.6

ISBN 978-7-5117-3937-7

Ⅰ . ①中… Ⅱ . ①李… ②张… Ⅲ . ①伦理学文献 - 中国 - 近代 - 丛刊 Ⅳ . ① B825-55

中国版本图书馆 CIP 数据核字 (2022) 第 048188 号

中国近代伦理学文献丛刊 · 第四部分

责任编辑 李媛媛 彭永强
责任印制 刘 慧
出版发行 中央编译出版社
地　　址 北京市海淀区北四环西路 69 号（100080）
电　　话 （010）55627391（总编室） （010）55627319（编辑室）
（010）55627320（发行部） （010）55627377（新技术部）
经　　销 全国新华书店
印　　刷 廊坊市安次区团结印刷有限公司
开　　本 787 毫米 ×1092 毫米 1/16
字　　数 1047 千字
印　　张 94
版　　次 2022 年 6 月第 1 版
印　　次 2022 年 6 月第 1 次印刷
定　　价 4950.00 元（共 8 册）

新浪微博： @ 中央编译出版社 **微　　信：** 中央编译出版社（ID：cctphome）
淘宝店铺： 中央编译出版社直销店（http://shop108367160.taobao.com）（010）55627331

出版说明

中国近代伦理学文献丛刊共计收录中国近现代伦理学文献三十二种，分作四辑，每辑所收文献按当时出版时序排列。本次整理，皆按底本影印，以存文献版本旧貌。底本原文或有舛错，本次整理未予订正，如伦理学（斯宾挪莎著，伍光建译）第一册第十一题目录作『神或本质原为无限属性所备造而成者而每一个属性则是发表永恒及无限然则神或本质要素者是必然有者』，但正文却为『神或本质原为无限属性所备造而成者而每一个属性则是发表永恒及无限然不神或本质要素者是必然有者』，虽神与不神仅一字之差，但意迥然不同；又如日本元良勇次郎著伦理学第二十四章目录作『纳税兵役之义务』，而正文却为『国家伦理　纳税与兵役之义务』，差异明显。此外，底本皆为繁体中文，本次整理，唯前言、目录及书眉等整理文字，为适宜今人阅读，皆作简体中文。特此说明。

前言

李义天

中国有着悠久的伦理文化传统与伦理思想传统。自先秦、经汉唐、至明清，前人先贤围绕善恶、是非、义利、廉耻等问题展开的讨论及其形成的知识成果，为我们留下了丰厚的文化遗产与思想资源。在这个意义上，作为一门学问的伦理学，在中华学术谱系中始终存在。然而，作为一门学科的伦理学，对于中国学术来说，却是一件近代以来才发生的事情。

学问的确立可以是学者个人的成就，但学科的确立却与学术制度的转型、学术形态的自觉，以及学术背景的更替密切相关。这些方面都必须在近代中国社会的语境中得到理解。具体而言：

其一，作为一门学科的伦理学，奠基于近代教育制度和教育体系的发展。正是在近代教育制度和教育体系（尤其是大学教育体系）的『学科化』进程中，细密的学科划分逐渐形成，清晰的学科意识逐渐确立。由此，学者对知识的探讨，不再意味着单纯的研究，而是建制上的学科建设。对近代中国学人而言，『伦理学』概念的出现以及学科的形成，正是近代中国在文明碰撞之间吸纳、改造近代教育体系及其学术制度的现实产物。

其二，作为一门学科的伦理学，不仅需要具备专门的研究题材与研究方法，更要有针对这些题材与方法的自觉总结和反思。因此，仅仅探讨有关善恶的问题、论证关乎善恶的要求，或许能够形成伦理学学问的主要框架，但不足以构成伦理学学科的完整内容。作为学科的伦理学，还必须在探讨和论证具体命题的基础上，对其背后的理由与方法加以提炼与批判。要做到这一点，则必须梳理、评析已有的观点与路径。在这个意义上，近代中国学人对伦理学方法论和伦理学思想史的研究自觉，乃是这门学科在近代中国初步成型的必要条件。

其三，作为一门学科的伦理学，无论是涉及教育体系与知识门类的『学科化』，还是涉及研究方法与思想历程的『自觉化』，都必须置于中国与世界交往的近代语境中来理解。在『作为学问的伦理学』向『作为学科的伦理学』的转变过程中，近代中国学人对西方伦理史籍的大规模翻译、对当时国外学界新近文献（尤其是思想史著作）的批评性介绍，以及他们立足本土而展开的系统阐释与重构，无疑是最重要的内在动力。这些动力及其带来的转变，恰恰是在近代中国的特定历史背景下，作为一系列近代事件而发生的。

因此，要理解作为一门学科的伦理学在中国的起步与发展，就必须对近代中国伦理学的理论实践加以关注。其中，最为基础的一项工作便是对当时研究和译介的基本文献进行搜集、整理与汇编。可以说，只有做好这项工作，我们才能印证中国伦理学学科所具有的近代性质，才能描述中国传统伦理思想向现代人文学科范式的转变过程，才能理解过去一百五十年间中国伦理学发展的曲折与波动，也才能帮助我们在此基础上推进当代中国伦理学的学术研究与学科建设。作为历史资料，这些近代文献对于直面历史、正视历史并希望能从历史中汲取经验的每一位伦理学人来说，都是无法忽视和规避的。

基于上述考虑，我们从二十世纪上半叶的相关文献材料中，择取了三十余部作品，分作四辑，每辑依其出版年序加以汇编整理。根据题材类型，它们大致被分为四类：

（一）史籍类。主要包括近代中国学人对西方伦理思想若干重要文献的翻译作品。它们可以映射出，当时的中国伦理学人在面向西方伦理思想时所采取的关注视角与选择范围。

（二）史论类。主要包括当时具有一定影响的伦理思想史研究著作。就内容主题而言，其中既有关于西方伦理思想史的研究，也有关于中国伦理思想史的研究；就出版类型而言，既有中国学者的原创研究，也有对同时期外国学者的成果译介。它们可以展示出，当时的中国伦理学人所接受的伦理思想史框架及其主要线索。

（三）著述类。主要包括近代中国学人对伦理学基本问题的思考和阐发。其中不仅含有一些导论性、概论性作品，也涉及一些基于特定立场或针对特定领域的研究专著。它们可以反映出，当时的中国伦理学人对伦理学整体或其分支的基本判断和理解深度。

（四）讲稿类。主要包括当时使用的若干伦理学讲义或教材。同样地，这一部分也是既包括中国学者或教育者的作品，也包括当时翻译过来作为教材或教学资料使用的文本。它们可以体现出，当时的中国伦理学学科教育所涉及的大致范围和程度。

值得特别强调的是，作为近代中国的思想文献，其在内容和表述上不可避免地存在这样或那样的历史局限。如今看来，其中有些说法和论证并不恰当甚或错误。但是，这也恰好体现了伦理学作为一门人文学科所无法摆脱的历史性与经验性，也再次证明了唯物史观关于道德学说在根本上受制于社会发展这一判断的有效性与正确性。因此，基于对历史事实的尊重，我们最大限度地将这些文献循其原貌，汇编成册，影印出版。我们期待，当代学人不仅能够抱着历史的眼光去认真地观察和理解它们，更能抱着历史的眼光去严肃地批判与剖析它们。只有这样，当代中国的伦理学研究才更可能去粗取精、去伪存真，也才更可能自成一体，贯通古今，奔向未来。

壬寅春于清华园

总目

倫理學

凡例

一法貴先生講義。據美人所著倫理概論爲原本雜引東西倫理理論而參以己意課之。

一此編區分十章章凡數節第一章至第四章。論學問與良心第五章至第七章。論快樂派之目的第八章至第十章。論至善之眞理。各依次序而彙編之

一自西儒倍根氏昌言倫理今已嶄然獨立。成爲科學凡東西各國普通學校皆設此科藉以補助教育之不逮。中國倫理之說。權輿於契之五教自周以來。耆儒碩學。多所發揮。惟據理立言。精深高遠。宜供專門參考之資。不適普通教科之用故日本倫理家多偏重實業學社會學而爲教授。

一歐美哲學名家。倫理學之著述汗牛充棟不勝枚舉日本從事翻譯。闡

明意義。多歷年所。其引用西人名詞。與東亞儒家互證者。間有複雜之弊。姑從編輯以存講義之眞諦。

一此項理論之書。海內人士。類能旁搜博採。自行研習無俟他人之嚮導茲以匆匆講習。據實編輯。一以備遺忘。一以誌學績惜講解僅易蟾圓全豹莫窺。補綴之功。尚期異日

倫理學

目錄

目錄終

倫理學

日本 法貴慶次郎講義

胡庸
路黎
吳賜元
范鴻誥
準合編

第一章 緒論

第一節 學問之原理

乾坤混沌漸闢之後萬事萬物紛觸於五官感覺。錯呈顯象。藉學問創立秩序。分晰比較以統理之學問不貴述而貴作各憑思想經驗據理以求知即事以核實乃日新月異而歲不同東亞誤會學問之說。過於信古人法古事。絕少發明之實業不知講求一種學問必有一種疑心疑心愈多研究之心愈精。事物乃得眞理能得其眞理方謂眞學問。今泰西各國。皆由疑心上經驗實理發明種種科學如製造等類。是其表見者也學問之道。非有一定事物。範圍甚廣增進靡涯不得膠柱鼓瑟失乎新理推闡之妙夫文明人有文明之學問野蠻人有野蠻之學問能就一種疑事而解明之亦謂實學問譬如雷雨野蠻人謂雨爲天上有池或有龍吸水雷爲神之作用此野蠻人遺傳之誤解而文明人謂雷發聲爲電氣所感觸雨爲水蒸氣遇冷空氣凝結而成解明甚確即文明人之學問後更有發明實業家推闡此物理別創一種新理論新製作亦未可知古今學問原無定界學問有進步人格之程度日高古人能解明一事嘖嘖稱道爲豪傑今人更能考較愈精勝於古之豪傑亦世界文明國所公認也

第二節　學問之種類

學問顯象之數無限一種顯象即具一種研究之法固不能執一法而偏觀也試於無限顯象中擇其一與性相近者而研究之如研究我身何以保衛謂之生理學我心何以作用謂之心理學物質如何變其本形謂之化學虹如何因水蒸氣而存謂之物理學虹上之顏色甚多如何配合始

爲美觀謂之審美學如此研究皆於學問上確有實據耳

學問之種類雖多。其結局仍歸於一西人謂一即單。單即多此理甚微。學一例可以明單與多之說。各究一種學問而分析之。謂之科學。究各科學而統一之謂之哲學科學即多之說也。哲學即單之說也名目雖殊。其理要歸一致渾多即單單即多之說。即孔子吾道一以貫之子思子語大天下莫能載。語小天下莫能破孟子老吾老以及人之老幼吾幼以及人之幼王陽明六經注我佛教一切皆空之說也不獨西儒云然矣

第三節　倫理學之領域

何謂領域。即倫理學所究之範圍也範圍無限顯象亦無限。擇數種納於倫理領域之中特依道德爲根本如一顯象中有是非邪正之不同吾人一一分明以定從違。是即道德範圍身心之作用也區別善惡凡在道德之裏面者謂之主觀。在道德之表面者謂之客觀主觀當一般事物之未

成由一己省察而定其得失。客觀當一般事物之已成由他人行爲而定其得失。試舉例明之設有貧者於此我思以重貲濟之。暴者於此我思以嚴法制之主觀也貧者受金而紓困窮。暴者受制而折凶燄客觀也主觀爲道德之判別客觀爲行爲之判別主觀在事未成之先分人之善惡。客觀在事已成之後判人之行爲其中皆具有潛心考察。判斷明決之能力所以謂之道德不然舍道德即不足言倫理學矣

第四節　倫理學之判斷

世事繁多。人心亦多欺詐何者是善。何者是惡將何以一一分別而定其判斷。譬如地震傾屋壓死無數不能分別地之善惡大風吹塵浸入人目亦不能分別風之善惡而能分別善惡者惟人之言語行動爲憑藉。蓋內有道德以爲之衡也。既衡諸道德分別人之善惡即不能因一善而定其皆善一惡而定其皆惡。或有作一事。本欲有利於人。而反貽害於人瘋癲

誤爲惡行非由其本心所出皆不得定爲彼之眞惡此猶其淺而易見者也孔子曰視其所以觀其所由察其所安人焉廋哉孟子曰聽其言也觀其眸子人焉廋哉斯更謂觀人確實之判斷。

第五節　倫理學與各科學之關係

萬事紛紜總歸一理所以謂多即單單即多。倫理學亦然倫理學者各科學之基礎也其與各科學最有關係者首曰心理學次曰政治學次曰哲學

倫理學與心理學之關係

心理學者研究意識之狀態與意識何以發達倫理學以道德爲權衡。所以核意識之狀態發達也又心者對身而言心者惟有已知凡喜怒哀樂皆我心之所發我之心所以如此者。謂之意識意識者道德之狀態也心理學既以研究意識爲主而倫理學若舍意識則不能研究道德故倫理

學與心理學首有關係也或謂心理學專主一己之良知倫理學由道德定人之善惡似乎截然不同而不知論孟一書。關於道德者多爰舉一例以明之論語云士不可以不宏毅。即倫理學之原則不可以不四字就倫理上言之爲當然之詣就心理上言之又爲自然之詣孟子云今人乍見孺子將入於井。皆有怵惕惻隱之心此雖在道德上不能不如此而究其心理學言之。皆由於良心之所發此皆倫理與心理相關係之大略也

倫理學與政治學之關係

倫理學以人爲單位。政治學以國家爲單位。人無道德善惡邪正不分不可以爲人國家無政治理亂黜陟不明不可以立國。由此觀之人即倫理學國家即政治學然國無人不立人無國不存。倫理學與政治學所以有關係也。有希臘人名普拉都Plato者謂先有人而後有國。愛里斯都德耳Aristotle者（亦希臘人）謂先有國而後有人如普拉都所說則倫理在先政治學

誤爲惡行非由其本心所出皆不得定爲彼之眞惡此猶其淺而易見者也孔子曰視其所以觀其所由察其所安人焉廋哉孟子曰聽其言也觀其眸子人焉廋哉斯更謂觀人確實之判斷。

第五節　倫理學與各科學之關係

萬事紛紜總歸一理所以謂多即單單即多。倫理學亦然倫理學者各科學之基礎也其與各科學最有關係者首曰心理學次曰政治學次曰哲學

倫理學與心理學之關係

心理學者研究意識之狀態與意識何以發達倫理學以道德爲權衡。所以核意識之狀態發達也又心者對身而言心者惟有已知凡喜怒哀樂皆我心之所發我之心所以如此者。謂之意識意識者道德之狀態也心理學既以研究意識爲主而倫理學若舍意識則不能研究道德故倫理

茂叔太極說。聖經賢傳之與哲學有關係者不勝枚舉姑言以概其餘

附倫理學之研究法

研究倫理學不可呆讀古書。中國倫理書雖多盡古人之陳蹟殫畢生心力研究空理而不於現世界之新理實業參觀互證終無學界之發達研究之法博採古今道德事實比較解晰擇其與學術宗教政治法律經濟等有關者而考究之通達大體參酌時代證諸各國人情風俗之習慣取長截短切實推行始能胸有把握收效將來否則恍惚無據矣

第二章　良心之派別

覺察人己之善惡秉公論斷毫不偏袒此即良心之發現泰西良心之說與孟子所謂良知良能人之秉彝好是懿德多相符合試就古人所論良心歷述如下

第一節　神話的見解

世界未有學問之先草昧初闢。交際渾噩。有所謂神話的見解幽靈神鬼元妙莫測如中國所謂天係目不能見在空中虛擬之天成天命之說。特故爲尊敬珍重。喚醒人心假神道以立教之一法耳左傳楚莊王問鼎之輕重王孫瞞對曰有德則雖小必重無德則雖大必輕據如是說。則善德昌於天惡德則魑魅罔兩而已此亦近於神話的見解者也又有希臘人名蘇格拉帖士Socrates者在二千二百餘年前。雖未解明良心之說。而高談神話。學問淵博。嗣後因神話的見解而哲學之一派起焉

第二節　合理的直覺派

神話熄而哲學興善惡之判別即神話遺留所推闡之理也凡人有生以來好善惡惡之心永久不變猶如識數不至認二爲三認二加二爲五自然之天性不待學而知者也孟子言性善。何者爲善。何者爲惡人之本心

自能判別即謂之合理的直覺若荀子性惡韓子善惡混之說。不得謂之合理蓋善惡之判別良心一語可以斷定。良心者。道德之本源。出於良心。即合於道德故判善惡全在良心上與感情絕不相關至感情以後人分智愚有聖凡之區別即孔子所謂習相遠而本來之良心不與焉

甲　古代教父

古代教父基督教中人之總名其中有克里蘇士都木Chrysostom者。當西紀四百零七年中。發明合理的直覺派謂人自有生以來。即有合理的直覺。譬有人違犯禮法議罰議刑以爲警戒將來。勉勵衆人之計此規律由父傳子。推而上之宗祖神聖所遺傳。而不得不確守者。所以維持天良之不泯滅也希臘碩學。如蘇格拉帖士普拉都愛里斯德耳（三人見前）在基督教前三百餘年良心之說。尚未發明自基督教暢行之後教父解晰良心爲基督生徒所篤信繼其後者如披拉幾優士(Pelagius西紀三五四至四三

○)之論良心謂我精神有一聖靈天稟而神賜之能分別善惡邪正無絲毫誤謬。阿格士丁(Augustine西紀同時)之論良心謂人皆有本然之判斷力。判定善惡永久不變。其中有法則及道德之萌芽據諸賢立說人皆具此良心當人人一心趨善去惡而何以於實際事情上判斷各異此孟子操則存舍則亡之故也

煩瑣學派。立說二種良心一曰孔愼想Concentia(略似孟子良知)謂良心關於各種行事判別是非善惡邪正一曰心得宜希施Synderesis(略似孟子良能)謂良心命我去惡趨善前一說似重知後一說似重行

波拉分確那(Bonaventura西紀一二二一至一二七四)謂天俾我以二種良心一令精確判斷一令中正執守。安都留士(Antonius of Florence西紀一三八九至一四五九)謂良能者天之所賦與我也導我趨善去惡先判斷而後行事二說皆知行並重之

乙　近世學說

拉而弗加得阿士(Ralph-cudworth 西紀一六一七至一六八八)發明良心謂人莫不有靈魂靈魂即理性也。靈魂之說。東亞西洋自古皆有。而互有異同孔子雖不語怪力亂神亦嘗曰鬼神之爲德。其盛矣乎。希臘普拉都曾著靈魂不滅論謂人生純粹即天理與朱子人生而有天理符合又謂人生必有型想。附于型想者爲五官凡天地萬物刺激於五官而利用者。謂之感覺。即型想之顯象。中國高談性命。義精理奧但無型想之說西哲有言曰型想者人人所共有。任萬人之理智判斷。公同普遍無少差誤加之靈魂即理性作用受動活動兼而有之五官應事物之刺激謂之受動應其刺激能判斷善惡邪正而實行之謂之活動。惟王陽明知行合一論。與此說互相發明。亦今日世界適當之理論也

沙明日格拉克(Samuel clarke 西紀一六七五至一七二九)謂事物皆有差

別人界亦有差別二者甚相似但大小長短輕重事物之差別也大其大小其小長短輕重各適其宜則處事物之道也人心相異亦猶形體之差別無限人人各適心情之宜此即道德之眞義也然則人人何以判知其無限差別乎曰以有神的理性存于本性也理性一經活動而判知之則可必實行之理自有不謀而合者矣

漢利加德武得(Henry-calderwood 西紀一八三一至一八九七)謂良心者天賦之能力而能直接道德之法天稟之理性而能發見人爲之基良知良能。人人固有。無待教育而知必待教育發展者惟適用于萬端之事物耳

第三節　感情的直覺派

感情的直覺派。論良心之天稟亦同合理的直覺派。然此派之人皆不歸道德判別之源於理性。全以爲天稟感性之所發動。

遐甫别立(Shaftesbury西紀一六七一至一七一三)謂人有三種情動一曰自利之情二曰他利之情三曰非自利非他利之情何謂情動因事未表出之際感情已發出而複雜是情動爲感情之根本自利之情即爲己之心他利之情即惻隱愛人之心非自利非他利之情墮入妬人恨人之心我妬人人亦妬我我恨人人亦恨我其結局必至敗壞心術貽誤事機兩造俱傷而靡所底止人當去第三者取前二者而中和之則德於是備具司其中和者即道德感也

自利他利之説非楊墨二氏所謂爲我兼愛也楊墨二氏非説情論道也楊墨之道。各極一端而不可則不待辨而可知。遐甫别立之道豈如兩氏之所説哉。特於自利他利之中而得其中庸之道耳

又謂人有道德感猶之有審美感皆天性也有道德感而判别善惡適如有審美感而判别美醜。此專以情言也人之常情每見善物而愛見惡物

而棄道德感亦見善而知好見不善而知惡。故道德感一名審美學派。如孟子之辨性善朱子之言天稟皆歸於合理的直覺未嘗注意審美學派。即孟子四端之說惻隱之心情也羞惡之心情也。是非之心理也辭讓之心情理兼而有之者也又云見牛未見羊。亦情之所感雖略似審美學。尙歸於汎漠不過擴充仁心之方法而已非所以論學說也東亞歷史浩繁。審美學說未經發明故從古所說汎漠莫歸於一其總泰東泰西纂輯於一集中說明精確尙俟後之學者

朱子之道德感謂理爲本然性靈也善也情非本然性之所發動也若泰西審美學派皆從情感而生善惡。譬如評殺人之事合理派謂殺人者甚不合於理就人與理而斷定審美派謂殺人殘酷即起痛惡之心就已與情而斷定此合理派與審美派之別也

佛郎西士哈謙生(Francis Hutcheson 西紀一六九四至一七四七)所言與

遐甫別里之意同

達斐修孟（David Hume 西紀一七一一至一七七六）謂人各有行爲各有性格千種萬態不一其端觀之或以爲善。或以爲惡。或褒之或貶之司其褒貶毀譽判別其善惡邪正者實天稟之本情也此本情天所降於下民人人共有獨智性爲之受容。所以道德上有活潑潑地之景象也此說與遐甫別立甚相似而更精密。

其他如

盧梭	Rousseau	一七一二至一七七八
康得	Kant	一七二九至一八〇四
阿達姆士米士	Adam-smith	西紀一七二三至一七九〇
黑巴德	I F, Herbart	一七七六至一八四一

四人皆與上同派

布蘭大羅（Brentana西紀一八三八時）之結論。亦類以上諸賢但稍異其趣向謂人有二種判斷。一則判定自明而無疑。一則判定曚朧而無一可據

又謂人有二種本情上等本情感應無誤眞僞悉分人人宜共有。下等本情斷不可由之者也

第四節　知覺的直覺派

此派謂良心非理性亦非感情內性之知覺也人自有生以來皆有此知覺。與心理學之言知覺異心理學言知覺。與年俱進學而知之者也倫理學言知覺無論何人皆有生而知之至老死不變者也

巴得拉(Butler西紀一六九二至一七五二)論良心爲生而有之知覺曰人有分別善惡之性質則不可不依其本善之性質而作爲之此固根乎神道之說也其駁加得阿士以良心爲非型想又排遐甫別立之感情觀自立內性知覺說而謂良心內性知覺人間特有之主宰能識別善惡邪正。不可不常順從趨善避惡之命此所以有神的性質也

馬提紐(Martineau西紀一八〇五至一九〇〇)大旨。由我心之運動。能知

善惡守我能知善惡之性質而行之則良心也良心即知覺也所說類巴得拉而更進一層精緻人自判善惡自確信之人法之有至當不易之理此所以證有內性知覺也當判善惡決趨舍察其心狀可知千法萬則發現於其中而處其間能判各法之優劣如何此實良心即內性知覺之作用。如此見知覺高尙超越人類。人中之神的本性者也

以上諸說。或謂良心爲生知或謂良心爲理性。或謂良心爲感情或謂良心爲知覺。各據一是雖多合乎理論尙非完全之說惟渾而言之不偏於一說。則庶幾乎近道矣

第五節　經驗派

古今之學問日新月異拘泥今人不及古人之說。何以鐵路輪船電綫一切製造古人未見諸實事今人始發明耶中國孔孟之書。至理名言超越千古但改絃更張。因時達變使孔孟生於今日覩環球學界之競爭。當必

更有經驗轉移之妙用不徒託諸空談已也即以上碩學。生知理性感情知覺諸說。均屬良心之天禀幾乎家庭之訓練。學校之教授社會之歷驗。退歸無權。轉墮下流以口實於是反對論者。接踵而起此即經驗派也

獨馬斯何白士(Thomas Hobbes 西紀一五八八至一六七九)力駁良心本之天禀謂人無教育必成性惡人之趨善避惡皆後來之造就也又謂人與禽獸無大差別人之生此世也相競相爭。各求樂而避苦猶禽獸之常然然力恣競爭則祗圖一己之安樂幸福必多强肆侵奪干犯禮法之患於是有互相分配利益之事此即道德政治所由來也

蔣盧克(John Locke西紀一六三二至一七〇四)謂人無天賦良心惟有去苦求樂之本性耳所苦即惡所樂即善故判善惡决趨舍即判快苦禍福而决所傾向之謂也

海耳斐學士(Helvetius西紀一七一五至一七七一)所說略類何白士及蔣

盧克。人人所固有者惟自利性。萬事動作之起。皆基於此即爲人謀盡力亦多因一已之利益起見。譬如傭工者代人作事似利人而獲勞金施舍濟人困乏。似利人而獲美名利人而實以利已但時代、當文化未開人多趨野蠻之自利故賢者定法制明賞罰以指導之此即道德之作用也

威良木巴列(William Paley西紀一七四三至一八〇三)所說亦類諸碩學。謂道德感之天稟極爲謬妄吾人惟有自利心耳必欲得永久遠大之幸福從上帝之所命。動作施善此即道德之眞義又謂吾人惟受自利心所束縛凡此心之外、無一制吾人左右者若觀超脫自利境界。爲人盡力循正服義樂得道德之眞趣。畢竟幻想而不能實行者也

錐米邊斯姆(Jeremy Bentham西紀一七四八至一八四二)所說大同小異謂吾人惟識別利與不利耳利益以外無論何等識別均屬無用而義務之名不與焉

以上經驗派。多以人類獸視之動物惟有自利本能等而下之者也人爲萬物之靈有社交本能等而上之者也人徒溺於自利有私而無公有虛而無實所以與禽獸無異必經許多歷驗互相扶持匡救。維繫公益道德之作用實淵源於此雖然此疑惑尚暗然不可解問世有不顧一已利害損益樂爲好善之事又有實求爲善。非欲達一已之利而離利害脫得喪竭力以盡善行者乎解明此疑問必俟諸經驗聯合學派也

第六節　經驗之聯合學派

達斐哈得利(David Harthey)西紀一七〇五至一七五七)謂上古不知分別善惡但知我所快者即善。我所苦者即惡流傳至於近代文化漸開始知善惡之所以然不必於我所獨快者爲善我所獨苦者爲惡也達斐又謂人之初生不知何者爲善何者爲惡但知利已爲善否則爲惡至後漸知善惡中之公理實無分於人已也試設譬明之常人見錢而愛本有同情

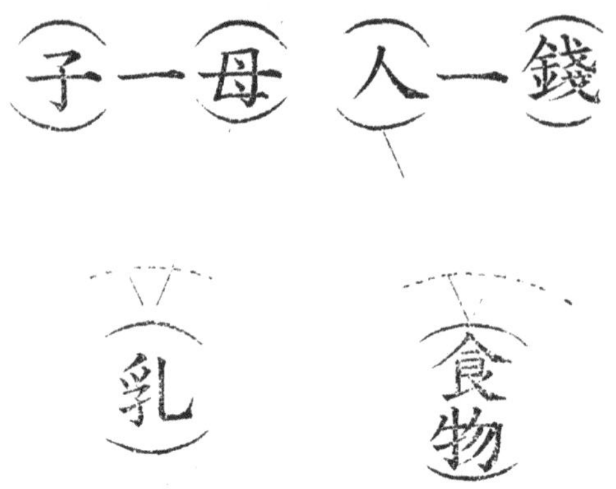

然小兒初生時與以錢則不知用與以食物則悅而受之及至成人時則知萬物皆由錢得無錢則不得食。轉而愛錢此人與食物由錢而聯合之再人子於母。親愛本有同情然當初生時亦不知何人爲母。但見常以乳與之食飽腹甚快樂故親愛之迨稍長棄乳後親愛其母仍爲最篤。此人子與母由乳而聯合之此二者皆猶人已之以公理爲聯合也由此推之人與善惡本爲直接而初不知何者爲善惡但知利已與不利已之分嗣後善即推已及人者竭力實行惡即私而忘公者。棄如敝屣。經驗愈久愈識善惡之眞際故亦謂之聯合派也

欲講明聯合派。必先識觀念事物之顯而易見者莫如五色然色之種類良多色之大略相同者易辨。色之大略相同而其中有纖微之區別者難

辨非詳細觀念不能知其聯合中之區別此聯合派所以必重觀念也。觀念由感覺而生凡事刺激於我而存於我之腦筋者謂之感覺。會得感覺而因應咸宜者謂之知覺。知覺甚多先分析之次排其異合其同者。存於腦筋中。再一見而確知其爲何物謂之舊觀念人於紙上擦各種之印璽則相同者相符合而益明瞭相異者相摩滅而終駁雜人心之作成聯合觀念也亦猶此

愛乃格生得賓(Alexander Bain西紀一八一八至近年)所說類哈得利今從省略可類推之

綜觀諸派賢哲之立說。各偏一端而論良心之天稟則極甚些少經驗上之所得尚不認許。至主張經驗者排天然或生知等之說極端亦太甚於是有調和折衷者出其人爲何康得與達爾文是。

- 良心論
  - 直覺派
    - 合理派
    - 感情派
      - 審美派
      - 知覺派
  - 經驗派
    - 純經驗派
    - 聯合派

生而有者爲直覺派
生後有者爲經驗派

康得(見前)爲最近哲學之泰斗而其學派折衷大陸(德國)思索主義與島國(英國)經驗主義而大成之十九世紀後之哲學皆其流派其立說之宗旨謂我有理性本之天禀自然靈妙活動活動方面有二一爲純正理性認識事物之眞理者也一爲實行理性一切規則命令束範人之行動而不得不確守者也吾人認識事物以爲事物在吾人之外此說甚無理吾人有天禀之Colegony。(假譯範疇)如時、空、因果、是也。夫外事外物非有時有空有因果之鏈鎖畢竟吾人當接外界。使天禀範疇。適合於此此純正理性之活動也判別善惡是非。人自反省之事。決非善惡是非之實質存於後起之行事實不

可不如此之範疇存於吾人之內心此即實行理性而良心之所由稱也

達爾文(Darwin西紀一八〇八至一八八二)英國之碩學而進化論之鼻祖也謂世界一切萬有。由自己保存之性與自然淘汰之理進化發達渺無際限上古洪荒之世。由蟲進化而爲人由人進化而爲文明今吾人所有道德的意識皆自太古以來。經歷年之經驗而進化者

人—獸—鳥—魚—爬蟲—微蟲 ⎫
文明——半開人——野蠻人 ⎭ 進化之式

也。人因有進化之理故學問理論月異而歲不同動物進化徒有自利本能。人之進化則有社交本能人之發達社交本能。較之動物發達自利本能尤速何則因人經驗多事每遇有殘酷之舉。不得不捨一己之利益而救人於水火之中譬如人終日不食則饑或有時遇人患難。甯終日不食而救人者此良心發於社交本能。較勝於自利本能也

斯賓塞爾(Spencer)西紀一八二〇至一九〇三)近代人其說與達爾文大

畧相同而更加密謂人各有應盡之義務惟有義務爲之範圍故人不得專用自利之主義此亦渾言天稟之良心於其中。但古所言專謂稟之於天而今則兼有經驗之理在其中也

第三章 良心之解明斷定

第一節 分析良心

前章良心學說。但就想像上言今更就人情上解明之良心之分析。歷觀古人言語行動。而以我心配合之此謂之觀察外界而內自省也試置西史而讀中國傳記如文天祥、謝枋得方孝孺史可法諸節義忠君愛國。始終如一使吾亦身歷其境其良心之感發當何如即外觀內省之要則也再如韓信破項羽成漢室之大功而其實未必無一己名譽利益之見。張巡城陷身亡雖於國事有損而百折不回之孤忠垂名青史良心固不可以成敗論之使周公死於恐懼流言之日後人或誤爲賊王莽死於謙恭

下士之時後人或目爲忠。讀史當合全局以論人乃能斷定其㒰心也㒰心之說不可徒觀其迹要宜窺察其心設人遇疾苦而急救之是我驟動之㒰心行事去惡而從善。是我常守之㒰心又或因一事而生憤激心欲殺盡天下惡人以留善類。而論殺人之人者不得謂此人無㒰心而此人或移時又異其說。以爲天下惡人。皆能潛移默化。不可以殘酷暴虐處之致傷天地之和。亦猶是㒰心也。種種觀念變遷。不得執一而論然此祇就一人不同言之至一團之人民中或有慈祥忠厚者或有莊正嚴肅者。慈祥忠厚必多寬恕之舉動莊正嚴肅。必多刻勵之舉動二者同是㒰心。而施行各異均足見㒰心無定。視人之發動何如耳

第二節　㒰心表於判斷

人由知識方面判斷事物必動己之感情此感情發現即可見其㒰心如人爲一事本善。則有㒰心我故謂之惡則無㒰心。人爲一事本惡。人皆謂

之惡則見良心我獨謂之善。則無良心良心之有無可於判斷之公私定之論者即以此爲良心之本體。至判斷善惡皆出於知識。知識能力即發見道德之眞理道德上之判斷。不關感情之能力也折衷而論專就知識定良心亦不盡然人於善惡必先生愛憎之心感情也紛至沓來之事物是非邪正吾能臨時裁決知識也二者必相輔而行試設譬言之人見虹之光餤則感情即動而愛之愛無以名遂名之爲美是美之一字不過代吾心中愛此物之名詞見美術而稱爲美我心愛之亦必以美字代其心之所愛。故智識判斷。而决不離乎感情也

第三節　先天的良心

人之初生皆具有良心之芽此芽即孟子所謂惻隱之心本諸先天而經教育之培植漸次發達以成完全者也植物之芽。善培養則發榮滋長不善培養則弱小而枯槁得教育之養成者爲善人。不得教育之養成者爲

惡人比例而論瞭如觀火

良心之芽有數種一、憤心孩提之童人奪其物則必啼。啼則生憤心。其憤心之處即將來見良心之處又如忠憤奸。文王一怒而安民歐陽修之朋黨論韓退之諫佛骨表皆憤之所積即良心之發見。二恐懼經父母之斥責師長之訓誡。朋友之規勸。生愧悔自新之良心三模擬注意他人之善言善行擇而從之且君子與君子爲朋良心更易觀磨而發達四同情孟子謂老吾老以及人之老幼吾幼以及人之幼始而家庭終而國家擴而充之廣大無量矣

第四節　良心漸次發達

人之初生既無智慧亦無感情其所以有良心者自有生後受國民道德之教育漸次發達者也發達之原因半由學問而來半由經驗而來由學問而來者於萬事萬物得父兄師友之教逐漸解悟不特知其善惡之分

並能明其善惡之原此所謂由學問而來也由經驗而來者小兒嬉遊時善惡均不自知然一事佳則父母嘉許之一事誤、則父母詰誡之或督責之養成好善惡惡之習慣至成人離父母時自能分辨善與惡而定去取此所謂由經驗而來也

第五節　良心之不動及直指

良心者認識吾人有一定不變之道德的意識而命名。如謂良心爲動搖變易。矯揉造作之甚也雖然察事情之實際。人人所有之良心不同從人事經驗時代變遷因而流行之道德的意識亦大異故。稱良心之不動。不過一幻境之想像耳至若良心之直指謂人生與善直接。不待教育而能分別善惡然人無教育。其有不日趨於惡者幾希吾特斷定良心爲可變易。而必俟教育陶鎔之也

第四章　結局之標準

第一節　神學與常識見解

神學派謂善惡之別因神明之所意志而然者神所好而人爲之即善。神所惡而人爲之即惡彼煩瑣學派之諸賢多類此說。

與此派相反者有常識派謂諸事發動。本質上原有善惡一定不動之區別猶二二相加爲四自然之數理不可移置天地萬物多爲此數理所束縛。並爲道德律所束縛何况於人故人之一舉一動或善或惡不能進於良心判斷之外。抱此見解者統稱之曰常識派。

第二節　有極的見解

上所論斷。未能精審善惡何以因神意本質何以有不動之區別此等議論必生人心之疑問。析此疑問者即有極的見解。其論曰諸種發動皆無不向一定之目的目的即理想豫料後來之結果。立定興起之志而達目的與否尚不能懸揣而得。歷觀古今進化之理與夫成敗得失之數歐亞二洲。當野蠻荆棘粗闢時。居處無常。衣食淆雜。其創業之祖先。皆爲牧畜民族之世界。後漸經天工淘汰。物力改良。進而爲擇種興學立法行政之治。蓋因時代而變易之也。然今當生存競爭之天下。國勢之存亡强弱。不能推委於時代。隸人下等殖民地之國。禍福坐待於目前。恩威仰護於强大。失之無智慧。地大不振之國。文學盛而不究其實理。摹擬工而徒倣其形式。失之無精神。惟文明奮興之國。範圍地球種種實理實業於規則之內。而以全國人參酌經驗於其中。製造以新法爲高尚。農商以擴充爲幸福。對內有道德學問之精進。對外有聯絡抵抗之法權。於是者稱執牛耳之强國。三者皆因人事爲轉移。而結局判若霄壤。觀此可盡破虛渺判斷之說矣。

第三節　目的及手段

或謂天下事只求目的之善。無論如何手段皆可施行設國王無道民欲執而殺之此種手段叛逆之所爲然目的在殺一人以安萬民似不爲賊再如救貧而盜富人之產盜產則手段甚惡然目的在濟貧仍不爲過也雖然此種手段果能推行於世而無絕大流弊乎刼富與貧則貧者以爲有自來之財專以此求生活而不能奮興自立況盜人之財易起天下紛爭刼搶之禍。雖用此手段以達目的利少而害多如之何其可行也殺王之事如武王伐紂孟子斷之爲善然孟子不過因武王之目的在拯萬民於塗炭故嘉許之而其中亦有大弊後有王者略爲不善而以武王之事藉口。肆意戕殺則人民必受慘酷之禍國家必貽傾覆之憂。故雖目的甚善而手段亦不可不擇西儒有格言曰。正直手段最良斯語當奉爲金科玉律

第五章　倫理快樂派

第一節　快樂之目的說

倫理五大宗派有直覺、進化理性快樂完全諸說五者之中。惟理性與快樂二說似有齟齬。理性以道德爲立教之命脈壓制情慾束範身心起居動作之恪守一一歸於嚴肅。快樂則不然以發達智識能力之慾望爲宗旨慾望增進適足表暴其開化之程度如春日花木之繁榮愈燦爛愈見培植之厚從開放慾望中而得最大快樂即道德最高尚之目的事物最後之標準。人生最終之結束但此非僅注一己之私利益而特擴充合羣之公利益。人心風俗習慣移潛默化於公德主義養成全體社交之大幸福理性在先而快樂在後理性爲範圍敬謹之準繩而快樂爲鼓動精神激起人羣情思發展之鍵鑰表面相背而作用實相滙合。故快樂接續之交。與目的密切相關端基礎則宜確實圖遠大則應擇其盡善。

第二節　個人快樂說

(一)　阿里斯提卜士

地球文化最古之國中國波斯而外厥惟希臘古代希臘西列乃（希臘地名）派。主張快樂之說阿氏(Sristippus)西紀前三四世紀)實爲鼻祖謂人異於動物而能進化特恃知識快樂之宏多保衛身家。蕃衍物類爲高尚。人生期於快樂與醫學期於健康製造期於堅新國際期於法權比例一律。饑得食。渴得飲。長途旅人得林蔭之休憩最尋常之快樂如是最廣遠之快樂。亦同此領其眞趣人祇求遂其終日實現之狀況不必計及後世也

(二)愛比克訥士

愛氏(Epicurus西紀前三四〇—二七〇)亦希臘人立說與阿氏之專重快樂不同。愛氏之所言快樂注重脫苦爲第一主義謂人之所患在役於物。役於物則心蔽心蔽則靈常不安君子求離物欲以靜心神而發乎和之生活者有選擇排除二法定宗旨之傾向判邪正之錯雜。選擇在事先。敬以衛身。勤以力學靜以養氣擇善而從後所以保持增進之關繫志力貴

堅定不可稍懈於半途。至奢侈淫蕩禮法所禁普通之排除隸之。過偏私杜迷信銷絕臨大節而畏死之念特性之排除。排除之中俱有苦境潛伏反對於快樂如朝夕日斜射之光線昇者益昇。降者益降。東西出入大相懸絕破除無限苦境而得快樂。則快樂愈濃蔚而能持久。懸戀快樂於前。卒不免蹈苦痛於後智者所不取也。

臨大節而不畏死即孔曰殺身成仁孟曰舍生取義東漢節義。唐代清流明末東林諸君子爲道爲國家赴湯蹈火晏然自適。苦痛在一時之身體。而精神流芳於百世。但此養於平時甚難應於臨事亦匪易。故往往踏實體認之功不能逮下必於修道有得之問題外特有愛國家教育之問題。鼓動人心爲助力然後此舉乃可普及如今日人之決死隊是也

（三）

邊斯姆

邊氏見前之立說快樂惟善痛苦惟惡考察快樂與痛苦區別之幾。自度我輩生所作若何事應得若何幸福從臨事判斷於快樂之中須知有長短廣狹遠近大小濃淡眞僞純雜之分必就其長者廣者遠者大者濃者眞者純者而傾向之則一人之幸福必在最大多數幸福之內　幸福與快樂泰西哲學家有辨論者茲姑作一致觀

（四）巴列

巴氏見前謂道德中具有法律所以束縛人之身心使入乎道德範圍之內皆眞快樂出乎道德範圍之外皆防害快樂不能享受道德中一分權利者也。國家定法律使人避禍有管轄下流社會之效用即文明未啓之國。干犯者尙屬寥寥道德中之法律。有管轄人人動作之效用。人格愈高尙。束範之界限愈嚴肅。幸福之增進愈溥博任絕大之學問事業經濟不能踰越乎範圍之外

（五）西威克

西氏（Sidgwick 一八三八——近年卒）謂最大幸福而窮極者善也。使吾人達最善之幸福。有法如左。

（一）合理的自愛之法則

（二）家族仁慈之法則

（三）正義之法則

第三節　公益快樂說

（一）盧克

盧克近代人謂人生最永續之快樂一健康二名譽。三智識四善行五綿延不能預測之幸福幸福二字人人固有之目的人人俱有希望享受之同情增長一已之幸福。並增長同人之幸福即社交之公德。增長一已之幸福而毫不顧同人之幸福即社交之罪人

哈氏見前謂人生至善之事。使世界多數人均得最大幸福惡事反是立說與盧克桴鼓相應實合符節（二）哈謙生

巴氏見前謂人生目的不出眞實幸福眞實幸福者即使世界最大多數人同受最大幸福也。人人能會得眞實幸福則良心與自愛心常聯合。義務與利益常可一致。（三）巴得拉

追氏(I S Will西紀一八〇六—一八七三)謂增進幸福者爲正增進非幸福者爲邪。幸福者有快無苦之謂非幸福者苦痛之謂也維持幸福之發達宜思進多數人之最大快樂蓋吾人有無限同情心父子兄弟夫婦之同情自然之聯屬也君臣之同情自然與人事兼而有之朋友之同情農工商（四）追士米耳

買之同情國際社會交涉競爭之同情多歸人事之聯屬。而自然之情即漸由公德教育鼓勵結合而生若聯屬之感情薄弱人盡爲私置公利公禍於不顧必有陵夷澌滅之勢故有一羣贊和鼓勵精神之實事。紀念功績之實錄憫惜遭際之實情觀感奮興養成同苦同樂之資格則快樂結局。如人身血脈之流通百川奔騰之入海能蒂固亦能持久。

、公益主義盡破人已家國之界。一歸大同其理想能否實行姑不具辨而以吾身爲人身謀吾家爲人家謀吾國爲人國謀除墨子兼愛外斷不能如彼自謀其身家國之周而且善。印度拋棄本有之權利義務推而讓之他人西史多譏其以世界主義亡國。不知爲已不知爲人墮落於奴隸範圍之內亦盧氏諸倫理家所切忌者孔子曰吾非斯人之徒與而誰與孟子曰仁者以其所愛及其所不愛顧炎武曰天下雖大匹夫與有責焉。韓愈曰博愛之謂仁。先哲名言均珍重大同利益特中國

陵夷至今。未能切實體認轉遜歐美之推行盡利耳

第六章　活動主義(承前快樂主義而推闡之)

第一節　目的之理論

(一)蘇格拉提士

蘇氏(Socrates紀元前四六七—三九九)謂德即智智即人生之最高善。先有目的而後求智識以達之直視智慧爲達目的之手段。普通人之思想則然而深於學識者斷不類是人有智慧而後目的能達。學問之經驗漸深智識品行隨程度發展高尚目的亦愈臻完善普通人而問以目的所在。必曰幸福。幸福非在我腦筋固有之中。皆自身外而來在我身外而必求其得則智慧即達幸福之眞手段明知幸福而不求達目的即謂之惡即謂之下流社會。知而必行行而必得即謂之善即謂之完全智慧彼知而不行究其不能眞知幸福者也此必始終爲無智之人永無目的可達

之事。

（二）卜拉都

卜氏（Tlato西紀元前四二七—三四七）謂最高善非快樂乃洞見（聰明）明智（叡智）理性生活美的觀念之思維也。吾人爲肉體所束縛是以常爲世俗之樂所羈此禍害之源也欲脫肉體之羈絆。與情慾之沈溺須超越塵俗而得靈魂自由人生飲食起居動作快苦之幾。皆甚複雜。若渾然天理無一毫私慾混雜其中灑脫無累養精神於活潑地位謂之靈魂自由所以大哲學家創靈魂不滅論。

（三）安提斯連士

希臘幾里（希臘地名）派。蘇格拉提士之高足安提斯連士。Antis-thenes 謂最高善非快樂乃戰勝於人欲之私而惟從事於道心理心但此非修身純粹者不能。普通之學問只求欲心與道心平均雖不爲完人亦庶幾不流爲惡人至擺脱一切情慾專以道心理心貫澈於中無入而不自得。其快樂空虛淡靜臻乎絕極此説惟顔子簞瓢陋巷不改其樂孔子疏食飲水曲肱樂在其中足以當之

（四）阿里士都得耳

阿氏(Aristotle西紀前三八五—三二三)謂行事寓有目的目的分乎階段。安富尊榮之快樂。目的最下級也目的最高尙者厥爲幸福達最高尙幸福之目的在人人實現其特性。人人之特性即合理的活動。蓋人人具有性善之天禀能保存不致梏亡。即理性發動之幾。但天禀不過初具萌芽。欲求萌芽之繁榮。必藉倫理教育爲培植欲爲倫理教育之培植。必先去情慾之障礙今當生存競爭之世界。美術發達。人人增進新奇豔麗之愛慕易墮奢侈情慾一弊。不合理之情慾最易障礙良心之發展者也

（五）塞洛

塞氏（Zeno紀元前三百十年）創斯都阿希臘地名派。（The Stoics）謂善者從天然生活之謂從天然者人各從其本性之謂而變言從其理性之義即人理與天理合一者也從理性生活者即德也。崇德則無往而不善。而一切生命健康富貴非善。背德則無往而不惡而一切困窮疾病死亡非惡。人欲修德須於苦痛恐怖願望快樂四者除去不合理之情不合理之四情不能脫其覊軛。即陷於邪慝故君子淡靜空寂而常能脫之者實吾人應達之理想也

第二節　新普拉都派之自由快樂說

此派（西紀二三世紀Neoplatonists）起於希臘。推廣至於羅馬。其最著之色列阿。謂萬物爲上帝所射出。射出二字非造作之義冬雪則寒件之夏熱則暑件之寒暑與冬夏有自然密切之關係。萬物爲上帝所射出意義亦例如是世有萬物即有宇宙。宇宙包含萬物。亦神之包含萬物也人爲萬

物特別之一種能推萬物之事理而贊天地之化育亦小宇宙也但宇宙即神人究難與神合體。緣人爲肉體所束縛。喜怒哀樂愛悪欲等情恒縈繞於胸中而不能灑脫。宇宙有形之物如山川河海樹石等類皆非萬物之本質人之肉體亦非本質本質全在靈魂惟發展智慧。擺脫情慾。使靈魂得自由方謂眞實幸福方謂與神合體

第三節　何白士國家與人民之關繫說

人民有保全性命之目的而立國家。國家有保全人民之目的而定法律法律者國家與人民兩相印證之機關而表見於政體之中法律有原理政體亦有原理原理逐時變易。其準的總注重於完全搆造之憲法立法司法行政之頒布。議之於會員。裁之於政府斷之於君主保持於政治家教育家法律家行政家而承認於全羣之人民人民受治於一定法制之下深悉國家能養能教能弭外患。實維持公衆利益安樂乃信守而服從

之在憲法未定之先無論其國事之完全盡善與否其大要歸納有互相和輯公同保全之目的。默蓄於人心而未發出是即世界國家人民公理之組織上下共享之權利義務文明成績之原動要素。實行此理想應達之事。視一國人發表程度如何而覘國勢之盛衰強弱焉

第四節　社會之道德利益說

聚億萬個人而成國家聚國家全團之君民而成總社會聚國家各團之人民而成分社會。社會中之道德猶人身血脉之流通頭腦手足筋絡之聯貫。而中心特爲全體之主宰者也東亞儒家立說純持責任道德之大義與功利說立於極端反對之地位故董子正誼不謀利明道不計功孟子以仁義破梁惠王之利比較宋牼說利說仁義之結局不同誠所謂拔本塞源道德正鵠雖千萬哲學家不能置喙其間雖然利益切中普通人之性質中國數千年歷史。能超越利益快樂之外者已屬寥寥。陵夷至今。

道德之範圍廣大高尚不能普及即孔子樂其樂而利其利亦不能實力擴張。人心羣趨於個人偏私主義而生計日促人心日渙散。德育日墮落。欲救此弊必於古聖至理名言之外參酌泰西社會之道德說相輔而行。以暫藥今日積弱之中國爰舉諸說如左

大同幸福之天稟。人人同具。譬如災變疾病死喪已不願罹此禍患亦不欲人罹之此自然之本性絕非出於勉强順其自然之性。引而入於社交感情同苦同樂幸福亦使同受。是即社會道德之本此達爾文(Darurin)之說也

社會組織所以增進共同之活力者也道德猶社會中之物產有互相扇之事業情誼則增進活力多而社會自然發達。幸福自然遠大而持久。無異物產生活華實之力此今人列斯利斯提本(Leslie Stephen)之說也

道德束縛人之名譽個人猶有遁情社會則勵以公德規則。嚴如父師。速

如發動機關之强迫力。故鼓勵全體之名譽情以養成好善惡惡之良心。避私從公之習慣使人格增進社會繁昌。幸福榮盛是倫理一大部分之原動力此羅得爾夫扶翁耶林古(Rudolph Von Ihering)之說也

世界文明進化之實際。個人非道德終極目的不過道德一分子之方便(手段)耳道德之眞實目的在全羣人類精神的物產。即國家學術美術教化。施行普及之權利但範圍廣大無量常因時代而進步未來競爭之新理論新製作不爲吾人所達到此今人翁脫(Wuvdt)之說也

第七章　快樂說之批評

第一節　最高善之概念

發動機關之擴張由感覺的快樂推至智力的快樂個性之快樂推至人類全體之快樂。此中最高善之原因約有三種如左

(一)人自有生之初原具無窮之志望隨歲月增進而發表之

（二）人羣最廣大之願望。與幸福密切相關而得幸福時則分有意識與無意識。有意識則逆料其幸福之必得而始爲之無意識則不計其幸福之如何。而卒嚮應於行事之後。

（三）達最大目的之幸福或憑神的意智爲動作。或憑自然法之必應結果如天時日暄雨潤萬物自然之發榮滋茂也

以上三者皆包括最高善之始終其中種種經驗支分派別不勝枚舉而得最高善幸福之顚末。實於此三種備之

第二節 快樂之種類

美術悅於目音樂悅於耳。膏粱適於口錦繡華廈適於體皆形式上種種之快樂斷不能定爲高尚之目的傾向學問理想一途自有一種精神上之目的從勤勞中漸次經驗而發達動作中之快樂最有區別長溺於放蕩必無性理上之精神長傷於勞苦而無一定休憩亦防害振作上之精

神折衷二者之間娛樂過於勤勞。國破家亡身喪可立而待娛樂與勤勞平均亦終無以自立惟勞苦逾於娛樂則勤勞中之愉快或從困苦時驟悟理解。或達到成功確實之目的或人格完全觸目有自得之境。皆饒高尙快樂之眞趣也

第三節　快樂論之心理觀念

此派以行爲之唯一動因爲快苦分爲四說如左。

(一)行爲之唯一動因爲目前之快苦或想像未來之快苦

(二)注定現在快苦之感情

(三)單注苦痛之感情

(四)爲無意識的快苦或無意識的快苦觀念之事行動之先行狀態

快樂論者之心理觀念立說偏僻。察吾人行動之先行狀態恆無秋豪快

苦之念縈繞於中。其應事勢動作之狀態有本能之運動觀念之運動衝動之運動三原因。

執意之先行

事機之是非得失先於行動定其判斷之心恆情之目的易就快樂而去苦痛然人之動作決非專爲趨快避苦起見不過決定之中。快苦亦占一部分是原於智識原於思慮原於實驗之種種現象。至事關成敗之幾經歷百折艱辛。不能中阻志堅力勇故也

批以目前快苦與想定上快苦爲行爲之動機說

(一)快苦雖屬必要之感情。究非唯一之動機。如衣食係衛生之原因而目的決不專注於衣食。快樂係動作之原因而目的決不專注於快樂

(二)目前與想定上快苦若爲惟一動因吾人不能洞解諸種快樂中擇

定一途而決其趨向

(三)吾人實現其目的快樂當衝動滿足時勃發爲最多但勃發之情與其始未達目的之現象。絕不相侔蓋目的既達後始得快樂之眞趣而先機之發動。任懸揣而不能確實也

第八章　至善論

第一節　目的

吾人之大目的。宜在何處似不可得而預定然以今日所爲之事推昨日及前日之事以今年所爲之事推昨年及前年之事如今日較昨日及前日進步。今年較昨年及前年進步。由前推後比較而思索之卽可決其去向而歸於至大之目的且上而推至數十年數百年數千萬年歷史上豪傑之事迹其大目的至今猶在也。是在人善領會耳

第二節　人間之理想

凡屬生物必有保存生命之理想人爲生物之一種故亦不能出此理想之外但古時人類尚鮮土地廣漠欲維持其生命尚非困難至人類漸繁。土地漸狹不多費勞苦不能自存則運用其勢力發展其伎倆即近日之理想也然此理想不能一定。蓋人之進步日新月盛理想亦因之而日發達也

第三節　自我心及同情心

人生有羣不覺可貴一如有生之後呼吸空氣以全生命。不覺空氣之可貴惟至空氣不通呼吸極苦之時即覺空氣之大有益於人也人之於羣亦然人苟繫獄中流孤島寂寞愁鬱即覺獨居之慘。而思聚處之樂。故已與人其間有不可過存區別者。人與已其形雖殊其體則一必互相輔助交相利益由成已以成物乃可謂道德之根本

第四節　道德的動機及動作

一 問吾人爲得道德家之稱道如何當感

二 問吾人爲得道德家之稱道如何當行

(一) 修編活耶爾答曰、非由他愛心而行動者。總無道德上之價値

評

雖然此僻見也。日與人相接。萬不能孤立而無耦則已與人自必有互相關繫之情。然或先人而後己或先己而後人視其事而定其趨向無不可者。若謂凡事當爲人而忘己此亦非大中至正之道

(二) 利其耶之見解與修氏全異其所說曰强食弱肉眞理也同情者使弱者生存使社會漸次衰滅此畢竟社會之弱點也吾人唯强自己當自努力進步耳

評

雖然此亦僻見也。今日之文明進步者同情心之結合不問而可知

結合卽勢力也。人人相結合而勢力生而使其結合則同情心也。若無同情心家不能存夫妻不能親如此而社會人類。豈能發展乎。

合評

但存他愛心不得謂有道德上之價値猶之但存自利心不得謂有道德上之價値也二者均不合乎理惟合理而後歸於至善

第五節　生物學及至善

諸種動物自簡單進至複雜。此生物學之所說明也人爲動物中之最精靈者。更有因時進化之妙用今日世界交通於學問利益上殆忘英人美人法人德人之區別德國所發明之學理直應用之於美國美國所發明之機械直應用之於歐洲各求所以增加本國之利益擴張本國之獨立權者莫不盡心竭力以求至善夫如此而宇宙萬事萬物必漸次相進步。相完全至聚地球上之人類合而成一大國家一大

國民亦或有之

故曰吾人所謂至善者個人的生活與社會的生活相資進步之謂也雖然其所謂至善非一定而不移者固動且進而不斷者也如今日各國雖日進化。然人人相爭鬪。國國相衝突尚有甚大之黑暗在吾人於此欲力除黑暗。而變爲文明之極點猶猿望月不可把捉要唯日進月步。方可達其目的耳

第九章　樂天主義與厭世主義

第一節　樂天主義

仰觀於天日月星辰如此其炫爛俯瞰於地山川草木如此其繁賾吾人生於其間徒炫外觀日研究天然之現象。遂忘自已之爲何物。徵之古史莫不然也及人智既開不可壓抑。精神之運用種種不可思議。是物質界所不能有之奇觀於是恍然大悟、知吾人之精神。實存於物質界之外。而

別開一靈界也吁吾人生於世也豈不可貴與是以此生爲大有價值安此生樂天命者也

第二節　樂天者之行爲

宗教家區別靈魂與肉體謂肉體雖死靈魂仍保其生存。此其目的在與人以來世之希望欲其安心而死也教理之是否現時知識之程度、雖難證明要之吾人爲現世之人不必求之來世內有以修身外有以報國。卽爲安心之道且行爲之結果或善或惡卽爲果報更不必求之靈界。待之將來也

第三節　厭世主義

如前所說專以樂天爲事者雖然世上非無異議其所說曰人生非唯無秋毫之價値且多禍害云云此則與樂天主義相反而爲厭世主義者厭世主義有二種一曰主觀的厭世主義一曰客觀的厭世主義主觀的

謂人生可厭。而萬事萬物不必爲之證明論辨也客觀的則欲證明論斷其理由覺在世之可厭必如何方好也

第四節　厭世之原因

厭世主義以爲人生世上目的終不能達而徒見勞擾不如死之爲愈然人之生也欲行則行何以不能達其目的此其故有三

一知的厭世觀人欲達其目的則全賴智慧扶持而世事太繁。智有不逮因此而生厭世心此謂之知的厭世觀卽知的意思

二、情的厭世觀人生之所最注意者快樂幸福也不得則入於悲哀若旣得之則又別生欲望予身雖爲予所有。而畢生無滿足之事。每向物爲不斷之希望便爲物所有矣。故此生可厭此謂之情的厭世觀卽情的意思。

三意的厭世觀人生所最尊重者道德也苟無道德雖有奇偉之才。終失

信用於社會失社會之信用亦不過僅保一己之生活於社會上之生活則已死也道德者實爲社會之原動力也然吾人之生不足以達之故此生可厭此謂意的厭世觀卽意的意思

第五節　變厭世主義爲樂天主義

以上三種厭世觀皆從想像而出非人生眞正之目的必聯合知情意三者反其方面。而爲樂天主義斯善矣知最上者也吾無知必不能達情之目的而享幸福達意之目的而臻完善此誠不可不有者也然人不可無知識亦不可專恃知識如知國家之將亡而不振救。是有知而無情無意不克爲完人矣若謂振救之目的難以達到何以上古之世渾樸無華今則文明漸發達幾無奇不有可知日進一日今人更可以優於古人也存厭世主義者盍自返乎。

第六節　結論

厭世者曰。吾非不欲反厭世主義而爲樂天主義。但既從樂天主義則必行樂天之事業欲行樂天之事業箇人之力仍覺薄弱必與人互相聯合始得成大業如政治上之運動教育之發達實業之進步無一非共同事。然世道澆漓惡者不可與共謀。其若之何曰世上有惡人亦有善人惡人犯罪必有法律以正之試問造此法律者非善人乎但須自已有一定之目的求直達之於已有利益於人亦有利益自有善者相與共謀且吾人之於人宜節取之不必苛求。如必人人若堯舜禹湯文武周公孔子始稱爲善。豈不難哉。

第十章　品性及志意之自由

第一節　品性

吾人之目的最高善者爲德行知德行爲人生最善之品而不可不如此行之者曰。義務認定當盡之義務而直行之曰正義吾人行事時先有衝動此道德之基也。然因衝動而傷德者亦多衝動尚不可謂之德。德者由於合理的衝動而來也合理的衝動日積月累。毫不間斷。卽所謂品牲

第二節　不自由

人自賦形而後。日漸長成隨其心之所欲以運用其肢體。進退趨避皆得自由雖然人固有欲望且有天性一切舉動。雖曰自由終不免爲欲望與天性所拘制譬我欲食所嗜之物以養吾身。然有欲養身之天性卽有礙衞生之品先自禁節又有時事極快樂而於日後之生存。大有妨害。遂從所謂保存己身之性。而不得不捨一時之快樂者此皆所謂不自由也科學家謂天下事物千變萬化由天地之勢力支配吾人雖能窮明其理要不能出其勢力範圍之內每每爲物理所束縛此之謂與

第三節　自由

自由之思想。至近世而始發達誤解自由者動謂隨我之所欲爲他人不得干涉不知自由者決非爲所欲爲任其自然之謂也。夫人類相集而成社會。苟各爲自由則彼之自由與我之自由必互相衝突且專欲擴張一人之自由必有妨他人之自由是此一人則極自由彼一人則極不自由也不可也自由者有自由之法則法則維何卽組織社會之箇人皆有自由惟限於不妨他人自由之範圍而始得用我之自由也允若玆人人自由卽人人守法則矣

第四節　立志

習俗易人賢者不免況今日社會旣進複雜。吾人欲表見其特質而競爭甚烈自立頗難更有易隨社會勢力而漂泊者吁人稟天地清淑之氣以生能鑄造新時代者上也卽不能而不爲舊時代所呑噬所泊沈抑其次也胡爲俯仰隨人而不自由乎狂瀾滔滔。一柱屹立醉鄉夢夢。靈臺昭然

大丈夫之志也自由何如也此則吾人所當注意者

第五節　誠意

凡有過人之才者必有過人之欲有過人之才。有過人之欲須有過人之道德心以自主之蓋有過人之道德心而克制情慾。使吾心不爲頑軀濁殼所困。然後有以獨往獨來能演出驚天動地之大事業不然日日恣言曰吾自由吾自由而實爲五賊所驅遣。勞苦奔走以藉之兵而齎其糧。而自由之萌蘖俱斷矣烏能有所爲

第六節　志意之自由

人以一身立於物競界。凡境遇之圍繞吾旁者皆朝夕與吾相爲鬭而未甞息也。故戰境遇而勝之者則立不戰而爲境遇所壓者則亡甞見人初有進取之志至經一事之挫跌一時之潦倒而前此磊落不可一世之概銷磨幾盡吁、倔强之氣安在而顧使之操縱我心如轉蓬哉。是何其不自

由乎。志意之自由者。吾行吾事。而必求達其目的。不以外來之困難而傷厥志。不以外來之艱險而驟其意也。善哉志意之自由。

第七節 結論

要之志意之自由者。自由於法律之下。其一舉一動。如機械之節湊。其一進一退。如軍隊之步武。自俗人視之。卽以爲天下之不自由。莫甚於此者。夫其所以必若此者何也天下未有內不自整而能與外爲競者外界之爭競無已時則內界之所以團其爭競之具者亦無已時夫而後可以勝外界之爭競矣。故眞知自由者必知服從服從者何服從法律也

倫理學 終

教科書編纂法

教科書編纂法

日本棚橋源太郎講義
方士㩦 編次

緒言

教科書編纂之得失於教育上爲一重要問題兒童之知識學校之程度。教育之宗旨。時勢之進步有一不合即不可行日本興學以來三十年中。學校所用教科書屢經改定近年漸臻完善自興學迄今其中變更。約可分爲三期。曰繙譯時代曰反動時代曰一新時代今特述其逐漸改良之歷史以資取法得失之林可攷鑑焉

第一期

繙譯時代

明治五年。諭令全國。一律興學。取法歐美。繙譯西書教授由文部省指定之從五六年至十四五年統爲繙譯時代。舊時所教論孟皆不用倫理道德諸書。用箕作麟祥所譯勸善訓蒙本（明治四年成）其中最謬者國語讀本亦用美國教美人之書。且教法不善。每時授以百十字并不先教字母及識漢字故勞而少益（今教一年生、先教字母一小時只告一字）如教世界人種。則曰歐洲爲何人種。亞洲爲何人種。只令誦讀。不爲講解。記憶故難。又或英文不明其義譯之爲ホリカル等音而已讀者毫無意義可求。算學用美國書。其度量衡。與日本異習而不知其數者比比然也

所譯之理科書博物十本。物理三本及初等人生窮理諸書文理極深名爲小學化學書實皆大學堂程度兒童全無所得唯歷史及地理仍用本國書

此時渴於新知識崇拜歐美之心太過不知爲本國造國民須用本國之

倫理道德國語一科所以齊風俗一教化固國民之團體豈可用他國語教之乎。其時讀本字細而篇長分量過多與兒童程度不合今中學適用之書當時責之小學一年生授以章句不求領會記誦之功視今爲多所得智識則不及今日十分之一

第二期

反動時代(又進步時代)

十五六年時修身科用書。朱子小學孝經以古本教之者幼學綱要就古書中嘉言善行採集者小學修身書則文部省伊澤修二專就日本道德立言不涉西洋宗教語氣國語用皇朝史略十八史略及賴山陽所著日本外史國史纂論日本政紀千字文諸書

是時文部省設編輯局有大木伯者治漢學有名時稱爲漢學主義。文學博士加藤弘文倡西學主義出而反對謂欲維新。非盡仿行西洋宗教中

語不可。或主張漢學。或趨重西學。迄無定論。而國民之學識則蒸蒸日上矣

第三期

一 新時代

自十九年後。爲一新時代文部省纂集讀書入門一書。有折衷上二者之意二十年、尋常小學校讀本出。文部省列出要項。令民間著書。懸賞金三千餘元購求歷史諸善本由是民間書大出遂廢編輯局。至倫理一科有主佛教者。有主耶蘇教者紛論不定。二十三年天皇頒小學校勅令。始歸劃一二十四年改爲小學新教則民間書肆漸歸一律。其餘國語讀本。地理歷史。多出自民間依新教則而作者也二十六年新理科書出書肆競求美備。日著進步。

廢編輯局時即定圖書檢定規則民間所著教科書籍。須經文部省檢定

濟。不許可則不得行如書中有不適教科或誤引事實語句艱澀。皆在不許可之例且必依天皇勅語意旨著述。

又於各府縣設圖書審査會委員以師範學校校長及教諭視學等官充之審定後再呈文部省此法於教科書改良極易大有益於教務就中缺點因書賈射利多方運動致興大獄於是廢去審査會一其權於文部省。

文部省檢定圖書仍分科如理科書則歸理科士核定之例檢定然後須行由地方視學官與府縣知事斟酌選用

文部省檢定亦不無疏忽處四年前落合直文、著高等女學校國語讀本。詞涉猥褻未經檢出。已刋行後被發覺。檢定官皆受處分報紙交責。

現在所定教科書制度與前圖書編輯局略同編纂官共四人。餘則襄助之教科書專由政府檢定。於學校亦不能盡合用。故再由樞密院攷査與在野紳士商定之由政府出書。反對者甚多有專主民間不由政府者有主民間與政府並行之說者有主學校自由選擇者又有反對自由選擇者。綜論諸說。惟並行與自由選擇爲合如書重難成民間無力則歸政府刊行由各教員會議酌用亦可現雖有其議而尙未實行此日本教科書逐漸改良之大略也。

日本興學。取法歐美言語文字不通。事事扞格故勞而後有獲。中國興學仿制日本。風俗習慣略同。文明可以直輸收效宜捷即如教科書之審訂取擇日本昔日所歷之境。皆中國今日必由之徑擇善而從。事半功倍故詳述其源委如上

教科書 ┌裝製　經濟上
　　　 ├印刷　兒童之心理衛生上
　　　 └編纂

兒童用書編纂固宜得法裝製印刷亦須美善。就經濟上論。紙貴堅牢耐久洋裝入兒童手易致脫散。宜用中國書式外觀貴美麗。書中圖畫。色彩鮮明令兒童對書欣悅生審美心字宜大而明瞭若字畫過細或糢糊不明則埋頭俯視。久之成近視曲脊等病。此有關於衛生最宜注意者也

教授之目的

教授之材料

編纂

教授之目的　因地因時而定

學校教授必有一定目的目的者。各國不同隨時而異如修身日本主忠義。美國主進步。國語美國全國。言語一致無待深求中國、各省言語各異此時讀本在力求劃一此各國之不同也歷史昔所講道德忠孝等語皆援引古事近日當講文明史開化史近世史及一切制度文物日本昔爲君主國。近爲立憲君主國。政教制度前後不同又如目前戰局未終固宜

發達愛國心。而生產與實業。現在爲何景象。將來爲何結果。尤當按切時勢。發爲教育中國時局艱危。外交內治。政教人心。現在爲如何情形。上下當如何振作。此自然必要之目的。如照常法教授。不能變通。非競爭時代。國家培養國民之本旨也。編教科書。宜具此等知識。

教授之材料　　性質　分量　排列

材料依目的而生。其取裁有三。一性質。二分量。三排列。性質內容。則思想感情形式。則文字文章。中國兒童入學。授學庸論孟等書。皆道德政治與義。與兒童心性。毫不相涉。日本初時教地理人種。亦如之。近就尋常習見物、花、木、禽、魚等。教之。最易動其感情。發展思想。中國通用漢文。尤貴簡易明白。篇幅宜短。語句切忌冗長。

分量則關乎心理之要求。時數之配合。二年所用之書。授之一年生。則於心理分量過重。一年所用之書。以半年授之。則於時數分量過重。皆爲失當不能受益日本初用書。訂爲一學期者每二學期不能卒業。貪多之過也規行書、較前訂本只四分之一文字多少與時配定。分量甚輕。所得甚精。至文法句法則貴淺顯。務求兒童易知而後止

排列一論理的順序。一心理的順序。教授當有准備前授爲後授之基礎算學先加後乘。加即乘之基礎也國語文法一年簡單。二年複雜。三年加深如歷階級不可躐等。理科初授亦尚簡易教鑛物必先教物理化學因鑛物中含有物理化學兩性也教生理衛生學必先教動、植理化學而後易解。體溫爲酸化之作用筋肉運動。即槓桿之理眼能視、本光之曲折耳能聽。由音之振動皆詳於物理化學。食物之澱粉蛋白質見於動植物學。非先有准備驟語難明此爲論理的順序。

心理順序先易後難。貴有實物現象。與之直觀故春日宜講桃李。冬日宜講冰雪如春之野邊。篇名使兒童.冬日讀之。索然寡味矣又人物進化論爲

具體的。（即事實）宜於年幼。發達文明史。爲抽象的（即理解）宜於成人高等一年生授歷史講成敗原因盛衰興亡之理茫無所得改授偉人傳紀。兒童甚喜讀之蓋成敗盛衰之理非高等三年生不能喻也。

又各科學有互相連絡之法由淺而深爲直排列自此科及彼科爲橫連絡。

横連絡法（文字文章事實）

横連絡之法有二義。一文字文章相連絡。一事實相連絡。國語者文字文章之本源也各教科書之文字。必皆具於國語如二年所教歷史必先見於一年讀本中三年所教歷史。必先見於二年讀本中記誦自易編書時當有一人監督之校閱各書。非讀本所有之字皆不得用書中字法必衷一是不涉疑岐。俾兒童易於融會貫通。

事實連絡如歷史戰事中已言甲胄之形狀。圖畫時始命畫甲胄。在理科已說明寒暖計。三種度數之差別習算始可以寒暖計命題唱富士山之歌必地理曾講富士山唱歌始有情趣。讀國語捕鯨事必先於理科已明鯨魚之狀態。讀時始動觀念又有一事互見而目的各異者地理中火山溫泉重在人生關係。理科中火山溫泉在說明其理由修身上有管公楠子歷史上亦有管公楠子一爲倫理上方面。一爲國家上影響。主旨各異不妨歧出同週同時教授更爲有益但各科有各科之本務不可相侵犯此亦必歸一人主宰。始能連絡如法

教科書之種類

教員用書

理科歷史地理等書　師生併用

體操手工等書　教師單用

各科教授之目的准備·材料方法　凡教師用書。卷首必有通論一編後

分爲目的准備·材料方法各項如教外國地理先提明此國與本國之關係爲目的。示以地圖與產物爲准備。標明要害·都會·景物爲材料。依上各項先言其重要後言其細目。即方法也。

生徒用書

日用筆記　如理科植物上畫一花下留空白學生照圖模繪於旁。依教師口授記之於下。學畢即成一書曰生徒自作之教科書。

代用筆記　修身歷史地理諸書。教授時教師先綴簡明數語於册上須容易於讀本。講畢始命閱視。使易得其要領

練習用册　教算當復習。堂上所命之題書於册上歸家練習之翌日呈於教師。

讀本　國語外國語教材之全體皆具之

編纂之要義

教員用書。

材料之詳說　以明細淺顯爲主

教授之方法　以有秩序。易了解爲貴

各科之宗旨　無論所授何業皆以忠孝愛國爲歸宿

生徒用書

材料之適否　以適當爲貴過高則心力不足太低則心力有餘皆不能適盡其用

材料之難易　以兒童易解悟爲主能解。始生趣味自能尋繹不生厭倦之心

材料之分量　篇節長短與時配合授業多少尤視乎兒童之能力

文體之難易　由易而難。不可驟語以高深如授以精奧。希望過高謂今雖不解。後當自悟。則大謬矣

現文部省所編教科書。無論師生所用皆有圖。如中國二十四孝類。以爲教授實驗圖畫與兒童心性最相近讀書觀圖。尤易感發性情生其景仰向學之心至文義則說理貴簡明條分縷析。各爲短章前後章不必相連屬令兒童易清眉目。中國文章尙法律千百言必連絡一氣。前後照應彼此相生於文法則善矣非兒童心理之所及且兒童用書在說明事理不重在文詞編書者。當以兒童之心爲心於兒童始爲有益庶不致蹈從前食而不化之弊。

理科

物理化學一科爲自然物受自然力、發自然的現象人不明物理。萬物皆足爲害研究其理而利用之皆可收益物相摩生光水蒸瀛爲雨。不究其理皆屬可怪。迷信之關當於幼時打破。野蠻人疾病歸之神祇物害委爲天炎。其所以富於迷信溺於鬼神之說者由不明理故也兒童先入者爲主決斷此理貴在童年。不然不能明理長大即難望其有爲小學用書貴簡明使兒童易解過於深奧反爲無益其書尤貴因地因時而用之如春夏植物發達則講明萬物所由生秋冬植物成實則說明萬物所由成秩序不紊以現物爲實驗則科學與人生相關係之處學者自易於領會。又如著本省教科書先就本省所產之動植鑛物擇其與民生有關者示以實物無實物者示以標本或繪圖以明之然後推之各省。不必博徵遠引涉於荒渺若教習用書則不妨取材宏博。講求高深

算學

算學功用最廣大則步天測地小則日用尋常近世種種製造無不基之算學授兒童以初步教科選擇最宜斟酌習算最易勞心令人疲厭教小兒當以有味事物取花果禽魚美觀之物編入算數。既能開其智慧且使樂於玩習再與他科學相連絡如書幾頁字幾行以所習功課作爲材料

可收溫故之益。又可教以習見事物如衣服長短大小用布若干費錢若干理既淺近記憶自易知識漸長則當取材於國計民生上如人口之多少道里之遠近疆域之廣狹以及物產貿易。出入口之比較習其數即可熟悉時務。是爲舉一得二至於數之範圍則視兒童之年力。萬不可躐等。人有幼時了了年長反聰明頓減者由幼時教授失宜腦力受虧所致尋常小學一年生自一數起至二十止二年生自一數起至百數止三年生自一數起。至千數止以上通行加減乘除之數不可多亦不可少至九歲入高等小學第一年授加減乘除及貨幣、時節度量衡等、使之推算。二年、增以小數、分數。三年由分數進以比例四年由比例進百分此皆一定次序。不可或紊者也

修身

修身科所以涵養道德造就人格也兒童天性未漓陶淑極易養成道德

習慣不外對己對人對己者强健身體。勤勉學業高尚志操是也對人者孝友于家庭。公益于社會義勇奉公忠藎于國家是也就其知識所及多講本國前賢往哲。使兒童想像其生平。摸仿其特長久之習與性成矣。

一宗教　各國有列宗教於學校外者有以修身代宗教者中國道德一遵孔孟雖無宗教之名實不易之宗教也兒童修身取法當以孔孟爲宗。

二人物傳　忠孝節義之事實最易激兒童志氣取古人生平大節講授。較空談理論者其功百倍。

三格言　古訓遺言膾炙人口之語皆閱世而其理不易者就兒童耳目濡染所及訓告之

四日用實踐　如恭儉禮式及洒掃應對進退之節使實習之養其儀節并習慣勤勞。

教修身、有二義。一借古昔賢豪爲根本作兒童之榜樣一即其日用爲根本練兒童之實行初年中年•高等。可分爲三期。而練習之

初年　告以學校於人生之益處。勤勉求學即爲立身之基礎就學校家庭之生活舉動規則出告反面上練習之以養成純粹之性質

中年　舉古今豪傑對於社會國家之歷史如何忠勇如何奮勵。馴其勇往冒險之心杜其文弱迂緩之習

高等　講求效忠愛國。孝悌友信實蹟使對於世界有步武前賢之志。親愛種族之心

中國士子講修身多流於循謹迂拘。刻苦自甘。無益於社會。有害於身體。與今世求公益尚武健。大不相宜小學修身淑善其德行尤貴活潑其精神增長其機能

一學年分爲三學期。第一期十三週二期十五週三期九週共三十七週每週修身二小時一年中共七十四點鐘編輯材料當與時按定書册計年而訂分爲八本詞旨簡明每篇皆繪圖使易曉教師亦用八册詳細有加一年授一册八年而畢

國語

國語科爲生活上之必要事物上之關係猶淺也最重者在統一語言固國民之團體一國之中風土各殊語言不通直如異域。情誼難洽平日相對無感情緩急何能相濟欲其精神團結非全國一致不可。感人之深者莫如文詞詩歌。取其有益世道人心者編入之讀本中。當含有特性。日本小學讀本雖各科皆具而注重尚武主義戰爭之事居多長而勇毅。教成者半。中國四子六經自屬無可增減然宜列於文科專門非普通學之所能。若必强列於普通科虛糜歲月。於新知識無益也即不得已曰保全國

粹。則於各經中擇其尤要者授之亦可欲國民有普通知識則宜依道德教育、國民教育、及普通必需之技能上另編善本字句淺近。言文一致務求婦孺皆能記誦。至高等則文義加深書中材料。就修身歷史地理理科採用之西洋開闢較晚於聖賢大道。雖未盡合而文明日啓。遂臻富强者非朝夕之故。在中古重僧侶以崇宗教至十五世紀繼用道德十六七世紀發明語言。以求言文一致而理科日興機器日出利用厚生遂有十七八世紀之盛十九世紀又講求文學使兒童易於受讀。逐漸改修以迄於今馴至人無不學。學無不實。其教化之進步可取法也。

習字帖

讀書欲以明理習字欲以記事。教兒童讀一字即得一字之用非寫讀聯絡不能既可免其滑讀而講解亦易故字體字數按學年配合書與讀相輔而行先教大字次教細字所讀即所書所書即所讀雖小學三四年之

兒童所識通常字已可供用斯無讀書不識字之譏矣

歷史

歷史者古今之龜鑑人道之坊表也觀古人之言行而定一巳之趨向者莫善於歷史人不知古今之史則無所取法不能養成人格不知列國之史。則不識中外無以養國民特性。中國史書浩如煙海百年不能竟其功自當列於文學專科爲普通小學編歷史則當就古今之變遷。東西之交涉與絕大改革重要事蹟撮其大略再取本國賢哲可以爲人模範者表彰之中國士習由文而弱此時於小學教歷史。當用尙武主義摘古今英雄忠烈大節授之激發其勇鷙之氣以養成獨立性質

高等一年　授以忠勇美談易於感人者。利用其好奇之心專述事迹不必涉理論

高等二年　授偉人傳紀附以安內攘外戡定禍難之事功。旁及循

艮節義文藝等事。

高等三四年　授以建國之體制文化之由來中外之交涉定其國民志操。使對於己國。知有絕大責任對於外國。當具特別思想。

地理

明世界之形勢。識國家之成立最能生人愛國心者莫善於地理其在小學當由近及遠。自略而詳。尋常小學授以鄉土地理高等科先授本國地理次東亞諸國地理漸及萬國地理皆當用地圖、模型寫眞•地球儀器等教之尋常一二年兒童知識未開不必教地理教地理須至尋常三年。

尋常三年　授鄉土地理就本處古來所有古蹟近時有何關係爲起點然後推之一縣一府循序講之不必貪多務求熟記

尋常四年至高等二年　授本國地理如講湖南北先說明洞庭湖形勢位置。次言南北省界限。再言接壤鄰省終言中國全局。此爲

天然界畫

高等三年　授萬國地理五洲大勢與本國有關係者詳言之否則從略

高等四年　補習本國與外國地理或比較或前未完備未了解者練習之

編中國地理當分三部揚子江以南爲一編黃河以北爲一編西藏以東貫江河中域爲一編每編不過四十頁二年可畢次序則地勢位置都會疆域面積人口氣候物産名勝。又當繪以山川美麗之風景點染以物産新鮮之色澤不惟使兒童樂用。且能生其愛國之心

按上爲編纂地理教科書之正義在中國此時教地理當尤有進。昔吳摯甫先生遊日本與伊澤修二氏、論起國民愛國心伊澤氏曰。愛國心之問題極大隨處皆當啓發而愛國心之最易奮興者莫如將

敵人時懸目前法爲普敗失地千里後法國小學校教地理將所失之地一一注以顏色指示兒童曰。此法地也爲普人所奪者汝輩將來不取歸非丈夫也兒童莫不感奮。圖雪國恥卒能崛起爲雄爲今强國。較古人臥薪嘗膽立庭警呼尤爲得力中國以地理教兒童可師此意取本國疆域全圖。一一指示之曰某地吾國之彊土也。被强隣荐食。某處吾國之要害也爲敵人竊據何處航路可達何地鐵道當興我自爲之則收無窮之利益被人奪之則制我國之死命。并告外人於我國內闢租界。行兵輪築鐵路皆萬國所無之事其種種肆陵轢於我者由民無智識不求公益而國力弱也如何而後疆土可復。如何而後國威可伸。皆學生異日分內事。兒童天性眞摯。富於感情。幼時一一印入腦筋。各具種族思想而愛國之心自日篤矣

教科書編纂法
終

课外余谈

課外餘談目錄

課外餘談

理學博士　邱淺治郎講演

胡楷　胡庸諧
郭肇明　王先庚筆述
黃雲鳳　許光棣

進化論

欲知進化之結果。當先明進化之由來世界植物二十六七萬種。動物三十餘萬種。千變萬化數極浩繁。然溯其原可以一言概之曰今日之繁殖其初咸肇於一端

進化論學說始於百年前。視爲一種學問而研究之實在六十年前後自英人達爾文著物種由來一書喚醒世人又歷數十年研究動植物學者日日進步。證據愈多矣

進化論者。研究世上生物古今變遷兼括人類者也達爾文之倡進化論

也先感於家飼動物從一種漸變多種乃由是推想謂宇宙間生物皆具是理亦未可知故欲研究此學說當先攷家飼動物有如何變化

在歐洲家禽中變種最著者以鳩爲甚最奇異之鳩飼囊非常突大飽吸空氣其嘴殆不可見次則宛如孔雀。尾羽較常鳩類多三倍往往張大其尾以爲美麗。餘則形狀既異性質亦殊有飛一分時間頭必後轉數次者次爲傳書鳩。有相隔數百里遞信至家者夫鳩有如許種類。或天然乎抑後來變化乎。達氏入倫敦家禽飼養會用意研究始知鳩之多種乃從一種而出即宇宙間諸動物莫不如是例如瀾掌里阿鳥自三百年前爲人飼養後英人所飼者瘦長日人所飼者肥小

鳩與瀾掌里阿鳥何以有如許之變種乎蓋家禽之飼養。咸準於主人之嗜好如主人喜餌囊脹大鳩加意飼養產子後復擇子之肖其母者飼之多歷歲月則盡成餌囊脹大之種矣取尾大者飼焉後亦盡成尾大之種

矣。故由人性嗜好而繁其種類。是名人爲淘汰達爾文觀於家禽之變種推想宇宙間生物概含是理。惜世人未之注意耳

觀宇宙間生物千種萬類繁殖無限無異幾何級數之增加例如一鼠生十子由十子生百子遞生遞增竟可至億萬之鼠然此億萬之鼠必具有競爭才格始可生存於其間但不能全體皆然若是者實占少數耳又如雀生百子必具抵拒資格或變羽色免敵禽察見然百子中惟一二而已琉球有一種奇蜨遠望如樹葉而不易辨其具生存資格可知。昔人有捕此蜨於南洋島嶼四處搜之不見歷一時後乃知即在目前伏於樹上與葉同形同色夫蜨得此保護資格實不知經幾千年選擇淘汰始至此也海中有奚拉米魚與海沙同色。人覓而捕之甚難又有伊莫習蟲常伏於桑樹狀若枯枝。鳥捕食之每伏桑以避有農人蔭於桑下不辨其爲動物誤掛食物。忽然墜落碎其陶器因名曰碎碗蟲。觀於此生物中非有確能

生存者則死且滅名曰自然陶汰世間生物皆弗能逃此例也夫動物生多數子或在山林或在水或在野皆因地位而各具性態以生活否則不至滅亡不止

草昧之時一人必操數業或營造（如房屋衣食）或種植而資生活迨文明進步分業專工各司其事。勞心勞力各有專家故愈分業愈繁頤愈有進步。大凡動物身體中。其器官構造以剖解學發生學攷察之亦莫不自簡單而入複雜者也

今舍下等動物以人類就剖解學言之必存有無用器官苟人類自古爲特造何附以無用器官此誠百思不解。然據進化論證之。實不得不然者若集多人未有見耳能動者。解剖之後。耳旁實生多筋使上下左右運動顧此筋在人原生而無用他動物如犬猫等正借此耳筋運動。以佐聽覺。更觀人身皮膚。除額角外。亦無能動者據解剖言之皮下實存薄筋多許。

使皮運動如蠅集犬馬脊上皮筋一動蠅即飛去人身以進化故乃歸於無用矣

宇宙間動物皆有無用器官耳筋皮筋其最著也。據歐洲解剖家詳查人身無用器官以百數然推想昔時此百數者必皆有用進化以來。遂徒存形式耳若人爲特造則生人之始天何以故附以無用器官乎

總之今日動物。咸由他動物進化而來無用器官則因傳導之故研究進化論者舍此其別無助矣

更由解剖學比例之鯨魚蝙蝠雖無人形然指之骨數及排法全同人手所異者一長一短在各因適便之故鯨因便於游泳而成圓短蝙蝠因便於飛翔乃成細長更包大膜然但謂鯨與蝙蝠可各隨適用以自搆造則骨數排法又何必一一强同於人乎可知人類與蝙蝠等物皆同種而漸漸變化者與鳩類之變種實同一理今囑機器師製飛物泳物各一。其體

叚必各異。若以人手爲標本則將指骨引長即成蝙蝠翼形而可飛削短則成鯨鰭形而可泳。雖兩物異狀所以締造之者皆同鯨鰭蝙蝠翼可彷人手而作則人與鯨蝙蝠同出一源可知矣

凡脊椎動物。頸骨皆七鯨與駱駝亦然夫兩物性異形異骨數何必相同在鯨爲短頸生一粗大之骨亦可駱駝爲長頸或多生數骨亦可今則不然。實由於同種變化之故此又一大證也

更即發生學言之凡人生子。其胎孕之初人物莫辨。必幾經時日遞變而成形例如馬上顎無齒惟下有之含食物時下與上碍皮互咀嚼之然攷其胎孕初期。由細胞結成中途實有齒列。後因無用。遂漸廢而僅存上顎也苟馬爲自古特造則於發生初期即當去其無用器官可見動物之生不知幾經變遷。其結果乃始存其有用者焉

人生十四日胎中含二部分一將成人一未知成何物迨經數月始判定

爲人且初生時有尾附焉。其後尾爲皮肉所包故不見耳

動物有顋孔者唯魚而已。魚有此故入口之水盡由孔出吸取酸素以自活然人胎初生月半以後亦有顋孔其數亦五與魚同若將此胎魚游泳水中當能吸水吐水觀此可知凡屬動物實由同種而變化者

要之動物初生時期中途必忽現特種狀態與他物有相似之點觀其變化徑路可畧知動物自古及今從何進化矣

如水族（魚蛙龜）羽族（鷄）毛族（豕牛猿）人類等第一期糢糊莫辨。第二期胎生與胎生者卵生與卵生者互不能辨第三期始各現特象。如樹然木生一本枝葉百出長短粗細不一其類要莫不由簡入繁自今推想往古動物之發生雖莫知其時代。然可定爲億兆年以前。初生時原爲一本後則漸生長漸畫分性質離者其分速性質近者其分緩•進化雖皆由漸而起惟人爲最速耳

欲知、動物發生之期可於化石考究之欲知開山掘出之化石可於地面狀態攷究之地上山川居大半山上之土風雨漂搖。流入於海漸淤成層是謂地層日本海淤成陸地者甚多其最厚之地層。有十里許者蓋海中地亦不平高者即山低者即陸。高低地之動物埋沒日久。海水漸消。故後人掘地得化石焉至地層之遠近以化石之新舊辨之地層約分爲四一爲原始代二爲太古代三爲中古代四爲近古代。而每層之中又分數層。原始代地層掘出之化石惟有昆蟲幷無他物太古時代地層掘出之化石多魚類鳥類其大小各不同中古時代地層掘出之化石則有獸類。至近古時代掘出之化石始有人形。觀此可知人之進化由來矣

今舉一例如馬之蹄人皆知之然馬蹄非原來如此亦由進化而然也美國博物院所陳馬化石爲近古地層中第四層所掘出者形體完備與近古第一二層之馬大異

近古第一層之馬蹄四指分列。大小不甚相懸。其身短如狗至第二第三層。體漸大。旁指亦漸縮減至第四層則與今馬同日本東京京橋區及橫須賀掘出象化石亦與今異可知馬與象亦由進化再即人言之以人之骨格。較猿與猩猩之骨格毫無差異所異者惟猿與猩猩前肢稍長。腦部稍小。下顎稍大然而猿自爲猿猩猩自爲猩猩人自爲人者。豈惟彼進化遲人進化速之故哉。大凡動物不以類戰以種戰。生存競爭。優勝劣敗故同生息繁殖於其間者歷數年而十去二三焉歷數十年而十去四五焉歷數千百年而幾至滅種焉維猿與猩猩。蹶而不振終不免爲下等動物者。其以此乎

物既如此。人類亦然澳洲大島特斯馬尼亞島人自歐人侵入。人種殄滅殆盡美洲紅色土人自歐人逼處人種亦殄滅殆盡所以然者無智故也今之世界黃種白種競爭。勢不兩立白强則黃弱黃弱則白弱。譬如人生

數子智愚强弱各有不齊。而智强者存愚弱者亡更有顯而易見者人之生也。以食爲天彼此互爭。志在得食。若此族所赢食物足養百人則彼族中必有百人因乏食物而死使彼族之人。有鑒於此怵滅種之禍改紘更張日進不已取人之長補己之短以不若人爲恥以求勝人爲心收進化之速效在一轉移間耳

當今無論何學皆以進化論爲本學問進化斯人類進化人進化斯國家進化不然安能勝他族而常存哉

人類學

理學博士　坪井正五郎　演

何謂人類學

人類學不列於普通學中觀其字面即可明其義。譬之研究金石者名曰金石學研究植物者。名曰植物學人類學亦猶是。古昔言人類學者雖亦有之然皆不過就人生人性二者言之而未嘗及於吾人之人類全體

今言人類學當分二種　一言身　一言心究其一而不究其二不得謂之人類學譬之人有精神有肉體研究人類學者不可遺肉體而單言精神亦不可遺精神而單言肉體

人類學爲何物即研究人之體質精神。兼攷求吾人當日之如何發生如

何進化。如何擴張是也

又有一事。爲言人類學者所不可不研究者即吾人之發生開闢時即有之乎抑在開闢之後乎

古昔研究人類學者祇研究人類之一部分至百年前德國有一學者始研究人類學之全部分然不過欲以一人之學說公布於世未嘗定爲必須之科目也近世始定爲科目在大學校特設一科以資研究然各國大學亦不多見

上自天文下至地理皆已研究完備而獨至於吾人之人類學尚未研究完全亦一缺憾事。推原人類學不發達之故。實因迷信宗教所致歐洲耶教盛行迷信特甚。是以他科學皆極發達而人類學獨否

平心論之人爲萬物之靈實無可疑者故有教育家有軍事家。有實業家。而世界種種事以出設無人類別無所謂世界矣

築室者必先研究木石之性質惟人亦然故人類學者吾人應研究之學問而解釋吾人之疑義者也。疑義有若干亦難斷定。玆特分類如左。

(一)人類爲何物

(二)人在地球上之狀況

(三)人在地球上之原因

故人類學者即研究人類之本質現狀由來也試先言本質

本質論

古稱人爲萬物之靈此不過諛人之言耳至於人究係何物則莫之能解若欲知人爲何物請舍人而先言世界之萬物自昔分爲三種

(一)礦物界　無生物

(二)植物界　有生而不能自由行動。

(三)動物界

能自由行動於三界之中。人固於動物爲近然人對於動物界有如何之狀況且動物界亦不一其類大而走獸小而昆蟲人果於何者爲最近此言人類學者所不可不研究者也

動物亦分數類有脊骨者謂之脊椎動物而尙有有毛無毛之別人固屬於脊椎動物然脊椎動物復有魚鳥獸蟲之別而人又於獸類爲近在動物學中謂之哺乳動物以魚鳥非哺乳而生也人之毛雖不及獸之多且長然非哺乳不能生此亦近於獸類之一證

哺乳類皆帶毛心臟之左有大血管而當胸兩部之間有膜一層曰橫隔膜惟人亦然是人於哺乳動物之同點甚多故亦不得不謂之哺乳動物脊椎動物。大別而分出哺乳動物哺乳動物中又有小別例如馬牛羊鼠及猿類等皆是也而以猿類爲最高日本無大猿亞洲之南及非洲之中

有與人同大之猿

猿之要點在目。其目與猫犬不同猫犬之目在骨外猿則有眼眶再齒之構造亦與他哺乳類殊他哺乳類。祇有尖齒鑿齒而猿兼有臼齒攷人之齒與目悉與猿同惟人無尾然亞之南非之中之大猿。亦無尾。茲述猿類如左

(一)亞洲南博爾奈島之猩々其高與人等有時能立無尾

(二)非洲中之可列臘。身長五尺無尾

(三)又有名競棒者身高五六尺無尾亦非洲產

(四)亞洲南之猿長僅三尺無尾。名及博其形雖小然世界三尺長之人亦不少

且化哺乳類四肢之毛向下生而猿之毛向兩邊生與人同平常人之毛不及猿之多然北海道倭人之毛多與猿同更試去猿之毛皮肉而細視

其骨格則全與人同此種猿名類人猿顧名思義可以知矣

雖然猿與人同點固多異點亦有如腦則人大而猿小面則人小而猿大

此頭骨構造之異也又人手短足長猿手長足短或長短平均此四肢構

造之異也又人之足指長相等猿則栂指短而四指長與手相似此指類

構造之不同也。由動物學上言人類與猿皆爲哺乳類中之靈長類人類

體格之構造謂其大異於他動物實不可也雖然此但言其形狀耳今且

即發生言之

脊椎動物發生之狀況

(一)魚類發生之順序。1卵2卵之發生3從卵中出

(二)鯢類。1其發生之初2發生中期。3成形

(三)龜。1卵。2卵中發生3成形(1)與魚類同

(四)鷄。1與魚龜同2亦同3則成鷄

（五）豚1同上2尚未知爲何物3乃成豚

（六）牛1與魚豚同2四足突出。然尚未知其是豚是牛3乃成牛

（七）兎1與他動物同2知爲獸類。3則尾現而知爲兎

（八）人1與他動物同2有尾不知其爲何物3則知爲人

以是觀之。各種動物在胎中。第一期其形體皆同至第二期而小異至第三期乃大異故第一期之人。與他類無別第二期與獸類無別且有尾。至第三期其特性乃見然則人非生而斷尾也實因在胎中他部分發達而尾不發達故耳觀解剖體自明。如欲研究發生之狀態可以遺胎驗之以是觀之則人之與他動物。於形式上發生上實無大別異或謂人之體格固與他動物無甚殊異若心則迥殊然謂人富於感情則可謂他動物無感情則不可。

或又謂言語爲人所獨有。其實不然他動物亦未嘗無之。蟻以鬚通情。鳥

以聲求友。皆其證也

又有謂人能知數而他動物不能此說亦不確蓋鳥類等亦能知數至四惟不及人之明瞭耳

又有謂人能推理而他動物不能此又不然。昔有人以一袋盛糖而爲猿所盜者喜而食之後易以蜂猿復來取。開之見蜂而逃。下次來則取袋。先聞其有聲與否而後開之可知其亦能推理矣

以是觀之則人類之智識他動物亦未嘗無之不過人類爲最發達耳且人類之所以若是發達者皆祖宗歷來之經營幷教育之進步耳則人亦安可自誇其爲人而自暴自棄耶且人之所以異於禽獸者以其有學問耳有經驗耳故他動物入於水而始知其冷。入於火而始知其熱。人則不然以學問深經驗熟故不俟蹈入而始知若無學問無經驗則其去禽獸者幾希故人實爲動物之一端而所以異者惟賴教育

言人類學者。有二種學說一人類之變種二鳥獸類之變種

一人類自古以來。各自不同。是以亞人之色黃歐人之色白非人之色黑米人之色銅亞人之髮直歐人之髮曲。南米巴他可里雅人之長有六尺而奄喀族人之長僅三尺南洋群島中。頭骨之構造長歐北之人乃有圓者以是觀之。似乎各別然細攷之實有聯屬之處如色之黑白髮之曲直身之長短頭骨之長圓之間有非黑非白非曲非直非長非短非長非圓者連屬於其間然則世界人類或由同一祖而漸變遷岐異未可知也歐人謬說謂世界人類。惟白色者爲優此不通之論也埃及開化最早何以其人之色皆黃總之生存競爭優勝劣敗。人類之分惟存在人所自爲耳若以皮色分高下陋極矣

人爲動物之一同一祖所自出。是即本質論

現狀論

攷各國之歷史知人種非自古有定居者實互相遷移而成今日之現狀即不依據歷史而研究自來之鑛物植物言語等。亦可以知之然有文字而後有歷史。未有文字以前。則不可攷。言語亦自昔變遷不能全據。最足資吾人攷究者體格而已蓋體格非若言語風俗之易變也譬之吾人欲學歐語可也而不碧其眼今以體格分人類爲四類如左

一黃人　髮直　鼻中

二白人　髮略油　鼻高

三黑人　髮曲　鼻低

四銅色人　髮湏形　面縮鼻中

其他群島住民在四種外者曰島嶼住民

人類自古有爲四或爲三者然實不可知玆所言不過述其位置狀態而已非以界限分

人類分爲四。上已言之玆再詳述

一亞西亞　髮直鼻目界限。不甚明晰

二歐洲　髮柔曲。鼻高。鼻目界限甚明晰

三非洲　髮卷額凹。鼻顎凸

四米洲　髮與歐同。色赤。鼻目較歐洲尤明晰

亞人髮短少歐人長非米人無

現居於米者大半非本來之米人多自各處遷移來者

世界言語各異如中國言高山日本言高キ山又如中國言山高。日本言山ハ高シ支那語移字之位置則意異日本則必添以假名

風俗亦各異。就其大者言之如飲食亞人食米米洲之土人有食土者非洲及南洋群島之土人。有食人肉者

就衣服論世界大半人皆以衣蔽體惟非洲之土人不然非洲之南有種

奇異之土人如圖

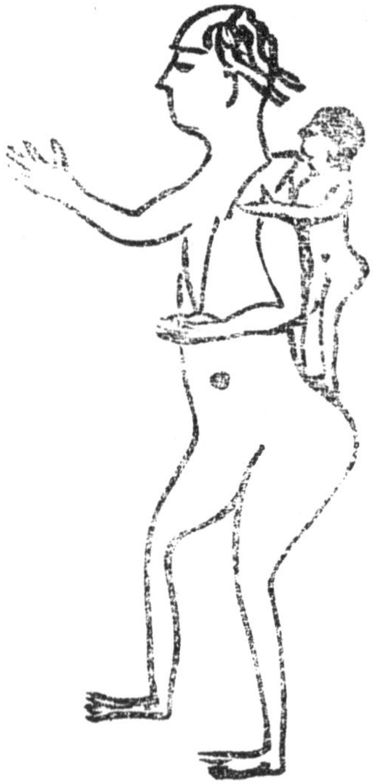

背中峯起可立小兒乳甚長兒可自背後飲之且不衣衣服徧攷世界人種有全不穿衣者有半穿衣者有包全身而僅露頭者如埃及是

埃及服裝僅露眉目如圖

就住居論有以木石造房屋者有掘洞而居者即房屋亦有在水在陸之別南洋群島中有造房屋於樹上者

以禮儀論亞人大都以俯首爲禮歐人以握手爲禮西藏以露舌爲禮南洋之土人以鼻與鼻相接爲禮台灣生蕃以胸互敲爲禮

風俗習慣種々不同不暇細述吾人特研究其所以然可耳種々異點有

出自本然者有自爲變化者言語文字古今不同至今而大異即此以觀言語文字皆應時而變者更言風俗十年以前則見之數十年及百年。尚可聞之父老若至數百年或千年則僅傳聞而已

體格亦有變換如合衆國民本自英國移殖然今與英民迥殊如米人色白而英人帶赤項則英人大而米人小髮則歐黃米黑又米人手指亦較英爲長又米人自非洲攜來作奴隸之土人古今亦異古時非人頭骨厚今在美之非人頭骨薄然則人種之爲物言語風俗體格互有變遷惟有一疑問則其所以異者。是本來抑是變狀

言各人種之區別異者少而同者多歐人白而非人黑此僅就皮膚言之耳若內中構造則同是即現狀論

由來論

人種之原來有言各處分生者有言出自一本者當以第二說爲是就歷

史上攷之。有移自他方者有驅諸異域者難以枚舉此亦可爲人種出自一本之證據

三角塔

欲斷言人種出自何方則非易易要之出自一本則可斷言也攷諸記錄自有人種以至於今不過數千年耳然未有文字以前人種已出現於地球上此可斷言也譬之吾人自襁保以至成童斷不能記錄準是以推未有記錄以前之有人種可知矣惟不知其生殖幾何年是可由各種古跡以研究之文字之早首埃及支那埃及之文字以金字三角塔爲據在四千年以前

地下多冲積層。是由河流帶下之土積成由地質上言冲積層組成以前數萬年尚有洪積層中亦有古跡洪積層中所掘出之化石細攷之知爲人與他動物所化。觀此可知古有人住於此

日本古時在冲積層中。所掘出之物如石矢石斧等可知用石時代之有人住此也(用鉄時代之前爲用銅時代用銅時代之前。爲用石時代。)他國更有自洪積層中及第三紀地層中。掘出之石器及人骨等。即此更可知人類曾居於此且可推測其年數因山岩溪谷之成皆有一定年限。以此可以推第三紀年之久遠

如海底之魚成陸後僅存其骨。

山岳河海遞相變遷特不能見之耳

自第三紀地層以至於今。據學書調查云。約二十一萬年。至問二十一萬年前。人居何處此非所知。因無古物可攷也雖然類人猿居於熱帶。現今

之土人。亦居於熱帶。然則人類之起原其在熱帶乎現在調查各國發見之古物以法伊二國爲最多研究人類學者既不能盡掘世界之地以資攷究惟有於開山掘井時留意焉耳

古石器等。無識者見之不甚措意。有識者正可借此以攷之法伊二國發見之古物雖多然未可即以此爲人之所自出夫最初所產之人謂之原人原人又何自出則一大疑問也是有三說

（一）人類無本說。據地學家攷究地球乃由星務而變爲固體然則人在地球上。或亦如地球之由星務而來

（二）人由神造說是謬說也毫無證據

（三）人自變化來說是即進化說也可由種種事實證之

類人猿似人亦一證也類人猿面大腦小而非洲之土人亦然。類人猿有

毛然人亦未嘗無之不過多少之間耳至耳目手足。雖不盡同然亦無大異。類人猿之智不及人此所謂進步之遲速耳以是觀之則人與類人猿

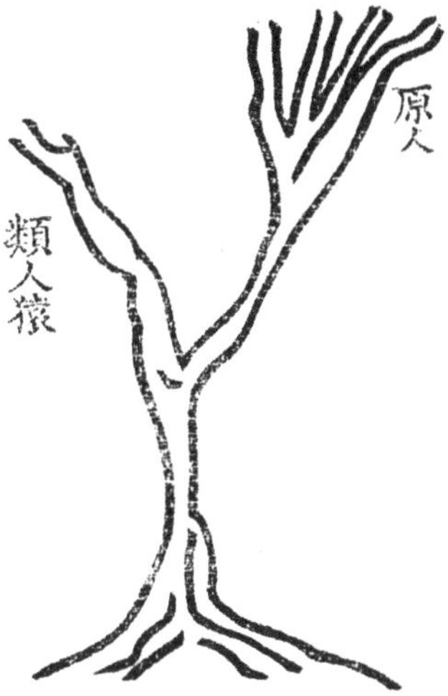

或同所自出。未可知也

原人後分四種或與類人猿同出一祖如圖試置此圖爲樹則爲同幹異枝

調查世界化石最早爲猿可知猿在人之前原人既在二十一萬年前則猿必在二十一萬年前之年

研究人類之進化。是名進化論研究人類同猿類同本所出是名人猿同祖論。

今舉人身所具有無用之物以證人之自他動物進化者

三瞼

第三瞼在鳥與龜類可去其目中之灰人有手在無所用此可知人類未

發達之先其第三瞼之爲用與鳥龜類同耳之上下左右有三處筋亦人身無有用之物也。若在他動物則用以動其耳以司聽聞人頭可無須乎此可知人在古時與他動物原相等也

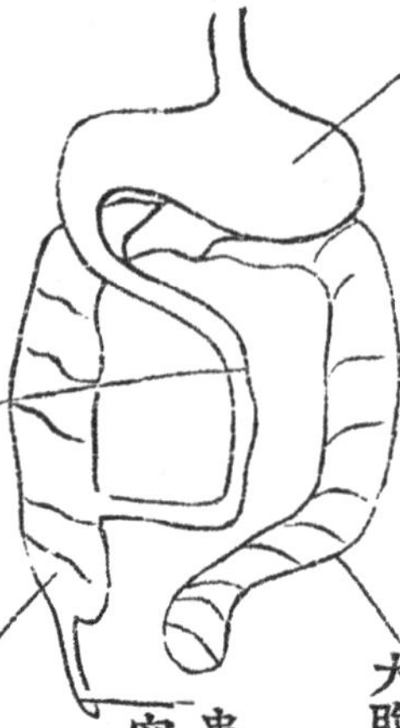

盲腸足以斷腸有因之致死者是非徒無益而且有害也。草食動物有第二胃腑與盲腸同特彼有用而此有害。可知人在古時或有第二胃亦未可知然則人身無用及有害之物莫名其妙要之可以證人由他動物進化之原因此人猿同祖之說所由來人畜同祖本無可恥文明者由野蠻而進化者也是可爲恥則猶太人之恥其成自赤子耳

觀此可知人類由他類動物進化而成。現今之現狀以此推之自後之進化更無極也可喜實甚

人類之本質現狀由來上已畧具未始不可爲研究人類學者之一助也

細菌談

醫學士藤原道雄演

細菌者屬於專門之一科其範圍頗廣非一時所能盡言今聊擧其梗概以希諸君之注意焉

夫細菌者極幽微之生活體也天地間無處無之自空氣水草土壤以及我人類之身體中。皆其所棲息也故吾人一身常在細菌包圍之中特肉眼視之不見耳今試取一滴水以顯微鏡窺之尚有無數之細菌、由是以推。細菌之數既多。其種類亦必甚夥今由細菌學大別之則得區爲三種如左

（甲）笠狀菌　（乙）萌芽菌　（丙）分裂菌

如甲種者其關節連結如管狀之形成延長之細胞此細胞者枚枚相交

而爲網狀。曰菌纖網自此生爲菓梗其尖端若萌芽有胚胞以司繁殖。屬此種者例如黴起菓物木材等之化學的崩潰所謂起腐敗之作用者也。又附着於吾人之身而發生者例如白蘇由西歷一千八百三十九年米可代何林氏發見由植物惟寄生物起者而生小兒頭部之病。又癬瘋者。由西歷一千八百四十六年羅羅氏發見此病亦由絲狀菌之一種所起也

（甲）

萌芽菌。即釀母菌圓形爲橢狀之細胞以發芽作用而爲繁殖者。其液中發育有糖粉。能變化酒精及炭酸又能變化酒精作醋。

（乙）

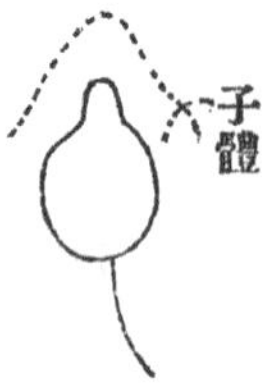

母體（子體漸漸長成如母大即能離母而自爲菌生子）

分裂菌爲圓形或稍長之細胞或孤立或連結其繁殖。由分裂之作用比上所述之二種尤爲微小其大者直徑不過$\frac{1}{500}$密達。此菌爲含窒素物有腐敗亞莫尼亞或酒精造醋酸之用。其形及種類雖多依肯氏類別表即如左圖

(1)哈其路斯  爲桿狀。其長度比幅度大

(2)斯必路列  螺旋狀

(3)球菌 

(4)複球菌  兩球相累

(5)連鎖狀菌 

哈其路斯亦分有種種之不同列如結核菌者雖與實扶的里菌同爲桿狀。其性質却各不相同而病原之爲今日所發見者。其數不可枚擧。玆將其最多之病。由細菌起而爲人之所知者言之

桔核　可列納　膓其伏斯　其伏納里
肺蓴　癩病　破傷風　必斯多

如此等者皆由細菌起而有傳染之性者也故吾人之罹此等病者如上所述皆不襲各病特異之細菌而適中其製出之毒素耳蓋此等之毒素入於人體攝取人體之營養分而新陳代謝與分洩之毒素共由分裂之作用爲繁殖因此吾人生理之狀態不能保。而終成病之狀態故吾人之罹傳染病也其初爲病之潛伏期而細菌入於人體。其繁殖發育時吾人殆不能自識過此則爲前驅期。既入此期細菌遂有多少之發育繁殖而使吾人原來之身體違和頭痛。或食機脾胃敗壞。由此時機進入本症細菌愈逞其繁殖發育至產出一種之惡物致吾人或發惡寒戰慄體溫昇騰等症其由前伏期而前驅期而本症者。與傳染病殆同一性狀皆由細菌侵入人體如上所述以遂其發育繁殖者也。其各期之長短玆姑弗述但言此等之細菌緣何路徑而達人體內或由呼吸氣或由消化氣。或由皮膚而侵入者也而各種之細菌尤各擇其發育繁殖適當之部位。以棲息焉例如實扶的里菌好犯咽喉膓其伏斯可列納赤痢者尤以腸爲其棲居然則吾人之醫學如何而識此等細菌爲病源乎因就各種之細菌綿密周到研究之。試驗之今概舉其大要如左。

如前所述之一切細菌極其微小非顯微鏡之力不能認之。其細菌體者無色透明雖以顯微鏡鏡之尙難認淸故吾人常爲各種之色素或赤或素或紫染而驗之得一細菌而培養之。俟其充分發育時將菌注入動物之體。見其細菌呈特異之病狀始認定其爲有毒之細菌但確定此細菌之爲此病。有必要之原則

(1) 何菌發爲何病之根不可不辨

(2) 決不發爲他病。

(3)動物試驗此病之症狀不可不顯雖然動物亦非皆因細菌而發病者或有動物對細菌而全不感染者

例如甲之細菌培養成而注之馬々病注之兎々竟不病。是兎者對甲之細菌。有天然不感染之性質。此所謂免疫質也又馬感染甲之細菌最初以甲之細菌。產出毒素極少之重注入至復起輕症後愈如此再三再四幾度增量而注入毒素終至感應此甲細菌之毒素不發病即所謂由人工造成免疫質也。人工免疫質方今廣行各處之血清療法即取此人工免疫質之原理也。例如製出虎列刺血清者先培養可列納菌其初將細菌體以紙濾之熱殺之。使爲輕重之毒素注入馬體漸次增加注入之量終至注入素菌不發病。即至此時取其馬之血液製爲血清用之注入患可列納者則有治愈可列納之効力此由馬之血液中。有所謂抗毒素者而然也吾人身體之血液皆有多少如此之抗毒素者。此抗毒素之力旺盛。則細菌之來襲。能防禦而擊勝之。而此抗毒素之强弱。雖不以各人之體質而殊。但身體强健者。其抗毒素富則可以無害。故平時注意於身體之健全。豫防傳染病上之大要件也。

蓋傳染病之可畏者。以人之或不能免也。故又有一方。則充分豫防之法也。講之則可防患於未然。日本政府發布傳染病。豫防規則。衛生當局者。亦平時努力。實施豫防之法而不懈。而公衆亦進而從事於斯而不已。即或衛生局有防疫課•保護健課之設備。在傳染未發之前。保護課司之飲料。下水河川道路之清潔。工塲衛生等法。凡關於公衆衛生者皆司之。防疫課者。關於傳染病之豫防。如種痘等司之。向醫師以法律發布豫防之。而一般公衆。勵行清潔法。消毒法之實行。

盖各傳染病之原於細菌者。不能以肉眼認之。其所在甚廣。擊襲於吾人身體者實甚危險。如前所述之消毒法。清潔法。能實施嚴行。則可以撲滅

之不敢諉爲難事也今略述其梗概以希諸君子保健衛生上之注意焉

第一　清潔法

無論室內室外雖如家屋之周圍勿使有塵埃汚物之滯積室內時時開窗牖。交換新鮮之空氣不可怠忘如寢具衣類等塵垢附着者常々洗濯取換之身體清潔衛生之本也

第二　飲食物

古人云口者禍之門此語之意蓋戒人之慎言也余則取以爲衛生上飲食物注意之戒誡以傳染病之多。其病毒即口受之者也吾人平時務慎之於口例如可列納赤痢•腸其伏斯等病皆食物及飲用水中混入發病之細菌不知不覺之間送入腹中者也此病之細菌共食物入於胃中達於腹管也若胃腸健全者無些微之病。々之細菌即不能伸其繁殖發育由此而推吾人當先務保健全之腸胃。勿過食。使腸胃疲勞。以保平時十

分之餘力。日本俚諺云。弱味込風神。即身體有弱點。容易染病之意也。例如腸胃偶不獲健全。備弱點病之細菌。直襲此部。恰與兵備上伺隙而襲擊之狀同。故吾人之身體。於平時不先計兵備之充實悍鷙。忽乘其隙。占領土地。甚至決一國之死活。至使不能預防。斯可謂戒心之極也。

此外呼吸器傳染病。例如肺痰期夫納里、肺結核等。皆以細菌爲病源。此須平時注意於不寒胃保咽喉氣管等之健全。例如遭病的細菌之侵入。可使無襲擊之餘地。盖寒胃者爲人體之溫調節。機能之不調。寒熱變更急劇之時。急應處變而不怠於調節也。故身體由過度之運動失溫後。直如寒風吹時。忽能應之。難計溫體之調節。終陷於寒胃。而寒胃者。實無非種々之病。原有此弱點。至使細菌容易侵之。故日本有寒胃之基之諺。實可謂得當之言也。諸君其注意焉。

商業談

高等商業學校 南條三郎演

立國之道。商業居一大端盡人知之。姑畧舉商業致盛之由爲諸君言之。』

商業盛衰之原因

商業之盛衰視乎國家之注目點從古以來。無重商之政。東西兩洋大抵皆然。支那當秦漢之際。有禁商之律凡爲商者課重稅。其子弟不得入仕遺傳至今。其風未息。歐洲四百年前無異於東洋政體。其待商也亦用苛律。商業之頹敗多由於此。然支那日本、數千年前即知商業之理想因政府學者。咸鄙棄商人爲不足道。故商業末由進步。歐洲自十字軍戰爭以後。漸能脫去舊習慣而發明新理想又重以國家之保護於是探險輩出航歷重洋殖民之政策。藉商業爲進取。東亞受其風潮。漸有岌々不可待之勢。夫東亞之發明商理早於西洋也其錮商之政往古所同也至於今獨瞠乎居人後者毋亦守舊之習慣過深乎且西人合全國之力注重於商業點東洋則擧國之人。視之爲贅旒物近日本已畧知變計矣。事落人後居優殊難至於中國。近亦立有商部然旅美旅非華人受外人苛待虐視呼籲時達於政府。不聞力加保護。阻商人勇往之氣失國際對外之權如此而欲商務之盛。是猶却步而求前也前吾日人之抵美洲者美人亦嘗設苛律矣吾政府與之力爭卒能毀其苛律享自由之幸。福吾願中國政府。力籌保護之法以鼓商氣以擴商權。商部之急務無有急於此者也。」

商務之盛本於交通機關之便利

運輸不便餘不能補不足不足者窘無所得餘者贅而無用兩困之道也故立國於陸地者須謀陸地之交通立國於海洋者。須謀海洋之交通商務之盛衰準之國力之隆替亦準之昔者鐵道未興。陸地之國。南北不通物產交易率用牛車人力所運無幾獲利亦薄鐵道興而交通便。輸運易而價格廉凡經過之區。率成輻輳之場。廢棄之物亦屬有用之品。官商兩利之道無有過於此者。昔者汽機未發明。海洋之國航路甚艱甲國之物不能致於乙國。迨世漸進化而帆船出。然風順稍速風逆則不能行不甚便利也如日本到中國由長崎出發非經三月不達此猶風順之效也及蒸氣機發明之後由香港抵美洲有四千八百餘海里兩禮拜間即能達其便利爲何如乎交通之利便。既勝於前者數十倍而商業之繁盛亦勝於前者數十倍矣貴國西北亘沙漠南北極海洋係海陸雄國也物產豐富甲於全球然而鐵路僅有盧漢一支幹路航路則無半船駛行外洋而內港之地船權之利且盡假諸外人國際之危險孰過於此且鐵路者國之命脈。亦國家之自有權。貴國不能自辦斯亦已矣乃與外人訂立合同抑又何也夫鐵航兩路貴國苟能力籌辦法何憂經費之無從出。既促商業之發達。又免前途之危險。當務之急。庸有過於此者乎。

商務之盛本於工藝之發達。

利用化學原理製造種々物品以裝飾今日之美術世界。於是商業之發達亦視工業之發達爲標準。然而鑛產者工商之原料也。英人商務之盛本於炭鐵兩鑛。近則美國代興鐵鑛產額年溢一年世界之商務點又移注於美洲矣支那鑛產之饒全球所共認學術不昌採掘無術鑛產雖饒。徒供外人覬覦之資夫藏金於庫盜思刼之理所必然也苟能極力研究。一一實驗。商業之盛興不在遠矣。

商務之盛。由於各國之競爭競爭愈烈則商務愈盛昔日商業僅有個人交易及英人以公司陷印度各國踵而效之集合衆力以擴張商務至於今則又合全國之力而經營公司矣。故覘人國力之盛衰。即視其公司之大小支那民族。最富商務之智識然團結力薄卒歸劣敗。夫集公司本於

信用信用不完則業不舉而信用之完全又歸於教育之發達於是欲振商務者又不可不從事於教育

商務之盛由於教育之進步。

世界愈新。學術愈進競爭之力準於教育商務之盛衰亦視於商業教育商業之立爲專門科學。職是故也十九世紀之上半英人商戰獨占優點過富而驕學術乃劣德人屬其鋒刀伺隙以乘其後近則英人之商權半爲德人所奪據矣。是非教育之效。曷克臻此日本維新以前商業無可言者。迄於今翩々旭旗漸翩飛於全球亦教育進步之效也支那民族既富於商務智識又饒忍耐性質而商務之點日就衰微者一則由於國家教育之未發達而團結之力薄一則由於政府之不加保護而勇往之志灰。

以上所舉。皆商務之大要也顧諸君稍注意焉

製造化學

理學博士 高松豐吉 演

國家富强基於工商工商之發達。基於教育之普及教育不能普及則工商必靡々不振可斷言者也支那民族經商之才。久爲全球所推許至今日而瞠乎其後者雖因工藝之未能發達毋抑教育之未普及理化學之未講求歟。茲就製造化學而畧言之

夫工藝之發達。實本於製造化學製造化學者利用天然物質。製造種々物品而製造物品必賴機械故製造化學與製造機械學有密切之關係。二百年前化學無甚進步者。機械學之未發達故也近則機械學日新月異而製造化學。亦爲長足之進步寖々臻於完備矣試畧擧例明之

昔時布帛之染料純取自然色近則利用化學不惟有色之物質可供染

料即無色之物質亦可化合成色所謂人造色是也。匪惟此也古者所用之自然色多少初無定量今所用之人造色多少且有分量則相去之比例何如也

糖爲人之滋養分。古時取甘蔗搾其汁煑以粗鍋即凝結而成糖。質既淆雜色復烏黑近則利用機械搾取其汁煑以精製之坩堝。依化學之作用而成潔白之糖（即中國所謂洋糖）匪惟蔗也即糖蘿蔔葡萄馬鈴薯等。皆能製雪白之糖與脂肪

又雞卵所含之蛋白質最多。亦爲人之滋養分然易腐敗又不便於携帶。近德國則取雞卵製成小果。能致遠又不腐敗其便利可知矣

藥品之類昔時惟用草與樹皮或動物之皮骨等。（中國醫藥現尙爲此時代）其未經發明之動植鑛物則棄而不用近時利用化學之理。凡百物質經生理學家所攷驗苟有滋養分、調劑力者皆製爲藥品以助衛生之不足。其利於人

何如也

燈油之類古者惟用植物之油一百年前。始用石油近則瓦斯燈電氣燈無地不有此皆利用理化原理乃有此現象。較之於古。其優劣可知也

理化學之發達以造成人生所必需爲第一義猶必應用原理以造價廉而用廣者而後工業可振興也其用途最廣者莫如硫酸各種工業皆以此爲命脈欲覘人國文明之進步工業之發達恒以製造硫酸之多寡衡之製硫酸之法日本前用綠礬製之現時工業上製多量硫酸之法則以天然之硫黃燒之。成無水亞硫酸水蒸氣及少量之硝酸氣體使通於鉛室中。即得粗製之硫酸然僅用空氣中之酸素與無水亞硫酸及水蒸氣。使構成硫酸。其變化甚緩故常用硝酸爲酸化劑因其構成中含酸素甚多且其性質易傳酸素之性於他物質也粗製之硫酸。其比重爲一六千分中約含七十分之純硫酸再置於鉛鍋中蒸發之至比重爲一七始成

茶褐色之粘液曰粗製純硫酸後再精製之乃得精製濃硫酸近則用硫化鐵依上法製之因現時工業發達其需用濃硫酸者甚夥必多製發煙硫酸乃能敷用至今又用新法製成固體硫酸前時所製之硫酸皆爲液體用玻璃瓶裝置之取以致遠甚爲危險自此法出而轉輸又甚便利矣且能隨所用而爲濃淡是皆固體硫酸之效用亦化學發達之一明證也利用之廣次於硫酸者曹達是也英國前時取海岸之草燒灰製之幷製食鹽等至十八世紀法國革命之時是物缺乏又無他國供給之故政府出示令以食鹽製成曹達者有重賞時有羅烏蘭（ロクラン）者用硫酸加入食鹽成硫酸曹達再依化學原理製成曹達夫食鹽者鹽素與曹達相合而成者也故製造曹達時其鹽素飛散於空氣中成鹽素瓦斯植物觸之即死政府下令禁之其工人思用法除去此氣體使之通過於水中則與水溶解而成稀薄之鹽酸可以漂白布帛而爲有用之物矣前時染業上之染色

必取布帛漂白其原質曝之日中工費而價昂及得此液體試驗之後。有非常之功效。故現時用此稀薄鹽酸取其鹽素瓦斯以爲漂白之用但此氣體不便於轉運於是用石灰吸收其氣體而成漂白粉近工業上所用以漂白者皆此粉也且不惟供漂白布之用即漂白紙亦多用之是物所需用者愈廣而製造之原料所需愈多矣自鹽酸需用日廣而鹽酸加里或鹽素酸加里亦隨而發明以供製造火藥及火柴之用或爲燦爛火花之美觀或爲發火之原料前時之所廢棄無用者。今皆爲有用之物而成極大之工業矣

炭酸曹達以製玻璃苛性曹達供製造肥料之用曹達與脂肪融合以製胰子供洗濯之用。脂肪之用亦大與格列舍林結合而成蠟燭。格列舍林者甘味之粘液。有一種爆發性。火藥中多用之

製造曹達時尚有多少之廢物。如次亞硫酸曹達昔時之所棄也然能溶

解銀之化合物照相術用以洗玻璃上銀之金屬光澤以除去未經分解之銀化合物曹達之利用如此其廣。而羅烏蘭發明之功爲不尠矣

近又有以亞莫尼亞法製曹達者。前時已知其理而無器械以製造之近則此利時恩那毗者發明其理製成器械。以造亞莫尼亞曹達由是觀之而製造化學與製造機械學。有密切之關係。益著明矣

製造化學中。尚有蒸餾法取固體或液體置坩堝中熱之使成蒸氣冷後復成爲固體或液體如製造酒精亦用此法係用低溫製之非數次不爲功。因酒中所含之水分不能盡蒸發故也現用精良器械使成濃酒而製酒精之法始精近復有乾燒蒸餾法燃燒固體使成蒸氣如木炭然。前時製法係於木炭坑中燒之其煙雜於空氣中。廢棄而無用現時則置木於業托爾托瓶中燒之收集其氣體。而製爲煤氣燈其所得之液體可製爲醋酸。除去其水分而成醋酸曹達。前爲無用之煙今則製爲種々之物質。

化學之進步可不謂大歟。日本所用之木炭。現亦改用此法若依前法而用石炭製之亦可製成瓦斯。可供煤氣燈及發動機油之用其殘餘者曰骸炭可供燃燒但此氣體中。尚含有亞莫尼亞必通過硫酸中成硫酸亞莫尼亞可作植物之肥料。從前多用糞草爲肥料近則多用人工肥料如硫酸亞莫尼亞爲肥料中重要之物品而此物於工業上亦非常盛大矣製造瓦斯多則所得之太兒亦多用蒸餾之法分解其成分即蒸出種々稀簿液體多能製爲藥品其白色之盆純油能溶解脂肪故衣服染油者可用此物洗之。其石炭酸能使蛋白質凝固可以殺黴菌等故可作貴重之防腐劑。其白色結晶之納富太林亦可以殺蟲。其殘餘之灰可作油漆造船時用之最廣尚有一種物質曰沙加林。甜於糖五百倍又有披克林酸爆發性最大火藥中用之又有亞尼林可作爲染粉亦自太兒中製造者也近德國製造亞尼林有六大工廠搜羅各國之太兒原料以製造之此染粉輸入於各國者最多爲德國出口貨之一大宗。輸入日本者。每年至三四百萬元可以知此物利用之溥也自亞尼林發明後。而前此所用之染粉又在可棄之列化學進步之可畏又如此由是觀之。百物之利用於人。廢物之不棄於地何亦非化學之進步乎。其致此之由則又不徒在化學之原理機械學之發明。實由於歐美各國教育之普及日進而無疆方興而未艾乃有如是之結果也故前數者之進步。皆本於教育之普及欲求國之富强者當知所本矣諸君等身任教育之責歸國後本其所學出以熱誠開通民智。普及教育不出五年而各種實業之發達當必有可觀者。是則吾之所希望也。

盲啞教育談

盲啞學校校長　小西信八演

一西洋訓盲之歷史

法王路易九世征埃及時從軍士卒。喪明者三百人王見而憐之立院撫養給予衣食。然尚非教育也迨明洪熙元年法王查爾七世命侍臣結柵環圍放豚豚於其中戲顧四盲子曰有能擊中此豚者。即以此豚賞給。四盲爭擊豚而不得互相誤傷流血殘酷之狀何堪目覩。無怪史家戛魯補阿（シャルボーア）(CHARLFVOix)痛譏之。謂吾輩常鄙夷東洋諸國爲野蠻今顯犯此狂暴。轉不如東洋諸國之仁愛也然雖譏之而仍未謀所以教育之迄乾隆四十八年法蘭西巴里中央一酒棧大書盲茶屋招引盲子十餘人合奏種種樂歌。旅客之頤集者山珍海錯。杯酒歡呼盲子受奴隸牛馬之謔戲。棧主收揮金如土之利益哀此愚盲將誰訴之適瓦那打阿伊(VALENTINH ALiI)瞰其狀憤懣不平驟動救恤之心急謀所以教育之法而亦有志未逮焉又一日散步於寺院乍見幼盲乞丐呼天無路不堪言狀因執手問曰爾日需錢幾何盲子直答之瓦那打阿伊即告以不必行乞引致其家百計設法教之而頗難著手居無何喚盲子攜器具器內藏名片一紙。盲人摩之覺並言其狀有凸字形瓦那打阿伊悟曰我今得所以教盲人矣由是設盲學校製凸字變認字爲摩字之法。遂無一盲人不能識字者然徒知識字而不能自書猶非完全教育時有卒業生路烏衣補列義約(LOUIS BRAILLE)經驗既久發明用針刺字之法以某聲應用幾點爲盲人通用之字即英國字母亦以針點代之遂無一盲人不能自書者刺字之外又製各種動物植物及各國形勢近世戰爭圖專教盲人使得兼悉時事遇有新聞警報則教師特指某地之模型以示之

二 西洋訓啞之歷史

法蘭西烏右路撒里之地有朶列比義（dere pee）者見姊妹兩女孩甚窮乏。問之皆不答因知爲啞。顧其貌非下愚慨然歎曰我與啞子爲同胞我不能救而教之是吾輩天職有缺也乃於家中設一啞學校教育貧乏之啞子適有富啞求教。朶列比義辭曰吾專爲教貧啞而設。爾家素稱豐厚可聘專師教之嗣後生徒多至五十餘人父母遺金七千費去六千冬日嚴寒節省不肯置火有一啞筆書曰「學生之環集於斯者賴有先生飲食教誨之恩耳今先生刻苦如此倘風寒砭骨吾輩何所依歸」乃備火鑪於講室焉時墺國王夏稀夫耳其名厚聘以金帛朶列比義辭曰。吾年老不能遠行貴國可派人來學吾不取一金於是派一教師偕一聾啞留學。卒業歸國。創立啞學校仁愛廢疾之風遂盛行於各國。

三 西洋盲啞教育之發達

英國數十年前普通教育尚不完全政府派遣二人遊歷。一適美一適德歸告於政府。言兩國窮鄉僻壤。均受教育通理化物理機械之學人力不勞而功成加倍。英政府深爲駭異以寬容教育不能普及遂於一千八百九十一年改爲强迫教育又言盲啞與平民同受天地清靈之氣所生成。性質當無歧異教之則全其性質而爲成人不教則失其性質而爲廢人。乃於倫敦設啞學校八盲學校十八於倫敦接近之瑙威地別設盲人音樂師範學校。此校乃盲人勘扁(CAmmbe)所創勘扁非英人時有英人阿(ア)務(ウ)美(ミ)鐵(テ)義(イ)幾(ジ)謂之曰。君如留吾國。即以此事委君勘扁允許之與阿務美鐵幾共籌此舉至火車寫三等票。同時有國會數議員見二人寫三等票而微笑曰。若何吝耶二人答曰。刻下需錢孔急。不敢多費。數議員均改三等車。面譚徃倫敦事。二人以創辦盲啞學校告。於是各捐鉅欵瑙威學校之發達。迄今稱道不衰焉

蘇格蘭畫師朶那魯朶梭（ドナルドソン）盡以所蓄之金捐辦盲啞學校。遂名爲朶那魯朶梭學校

美人西牙朶（ジラント）生於亞米利加之喜牙迭魯伊亞自充瀛船茶夫。以數十年所集之欵盡捐以辦喜牙迭魯伊亞盲啞學校。遂名其學校曰西牙朶。

四　日本盲啞教育之歷史

明治八年英人醫士與德人宣教師憐日人盲目之多請政府設盲啞學校。時子爵山尾庸等言於朝曰此吾國應爲之事賴外人喚醒而不爲。恥孰甚焉爰聚衆會員集議稠人廣衆之中一唱百和均觀欣鼓舞。捐資贊助日皇聞此美舉亦賜金三千元。於是始創立本校盲啞學院。但此時風氣未開。人心不信盲啞之可教即教之仍無益也。初次入校僅二人。二人之外雖公備衣食住圖書標本等招之而仍不願入校迄至於今。增進至三百餘人亦云發達矣。惜齋舍狹隘不能博收甚愧對以後之盲啞焉。

明治十一年。王政維新。教育漸次推廣有古川太四郎者。被罪幽於獄中。見二啞兒與他童子鬬。受傷流淚不能言心甚憐憫而常思有以教之及出獄後爲小學校教員每日三句鐘畢別教二啞兒講習既久覺啞兒腦力比他童較佳因辭小學校事。專注意啞學校之教授

五日本盲啞教育之發達

靜岡郡長衣食動作均省浮費蓄以捐助盲啞學校與幼嬰院

長野縣師範學校有三年生因病傷目入東京盲啞學院。卒業後即歸辦盲人學校

福島縣高等小學校現分屋一部捐作盲人教室

盲啞學院官立始於東京本校其餘京都郡縣村町官立公立私立共二十餘區。皆近十餘年所發達者

六訓盲教授法

教法　六點爲記第一點之凸者爲ア第一點與第二點之凸者爲イ第一點與第四點之凸者爲ウ。第一點與第二點第四點之凸者爲エ第二點與第四點之凸者爲オ。第六點凸者爲カ行符號第六點與第五點凸者爲サ行符號第三點與第五點凸者爲タ行符號第三點凸者爲ナ行符號第三點與第六點凸者爲ハ行符號第三點與第五點第六點凸者爲マ行符號第四點凸者爲ヤ行符號第五點凸者爲ラ行符號。皆以アイウエオ爲母位推之

第三點與第五點第六點凸者爲ン符號

第五點凸者爲濁音符號

第六點凸者爲半濁音符號

第二點與第五點凸者爲長音符號

製點字法外有銅板二塊。夾紙於其中。內有短銅釘排列按字母次序以

訂之

美國造訓盲地圖模型

英國造訓盲日露戰爭圖

盲人賀新年詩

以上三者皆以點爲記諸君一覽即知

七訓啞教授法

取大鏡立於前教師與啞生同望鏡內教師先以口動啞生模倣口動以爲語言之狀但以狀態教之。亦有同狀態而字異者如アイウエオ。與マミムメモ其口動之狀態略同尚有濁音ダヂヅデド與バビブベボ尤易混淆惟審其音之緩急以口接近其手使啞生熟驗之積久而自知矣

八中國盲啞學校之當立

日本每一萬人中。有盲子九啞子八中國依此推算四萬萬人中當有七

十萬盲啞。盲啞如此之多孰非吾輩同胞乎與其給予衣食。與養動物無異不若教以學問。使能自營生活更足彌綸造化生人之缺限日本盲啞學校卒業生有長於按摩者一月能賺百餘金。有長於音樂者一月能賺數十元不等。此亦自營生活之一端也中國盲啞之多不能自教聞有美法德人代爲教之殊堪欽佩苟由西人仁愛之萌芽。振興盲啞學校固善如其未能或派盲啞留學日本或聘日本盲啞學校之卒業生多技藝者爲教師均無不可東亞諸國惟支那開化最早孟子文王發政施仁必先鰥寡孤獨今盲啞甚於此四者而尙不能實行仁惠。轉讓文明位置於歐美誠不可解攷其原因或本於地大之故歟或祗師孔子之溫故而不師孔子之知新歟日本自唐宋以來。事事採諸中國。維新以後。捷步以拾得西洋之緒餘遂有今日教育之普及諸君畢業歸國注意盲啞教授。俾數十萬廢疾身受其賜此私衷所日夜馨香而禱祝之者也

附圖如左

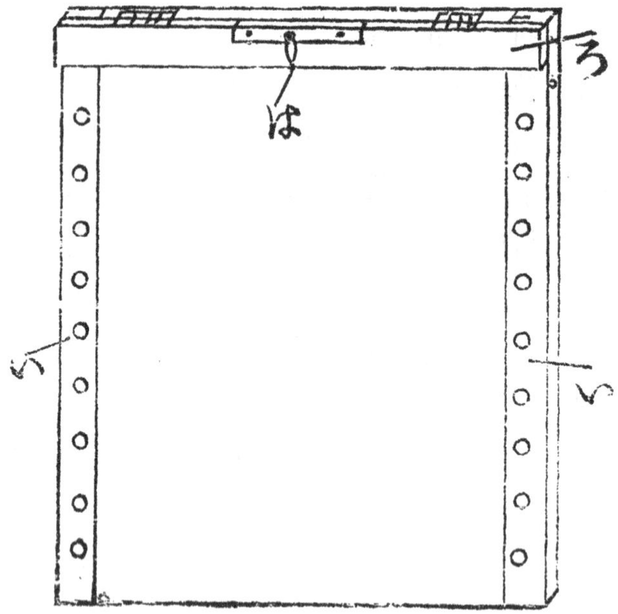

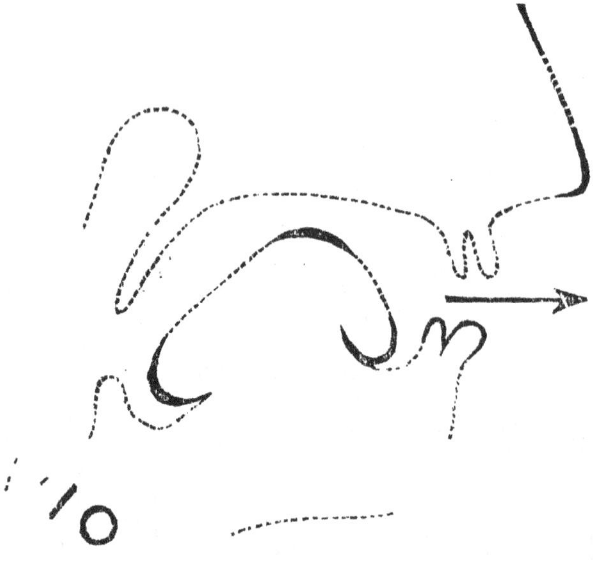

口管
耳管
導管

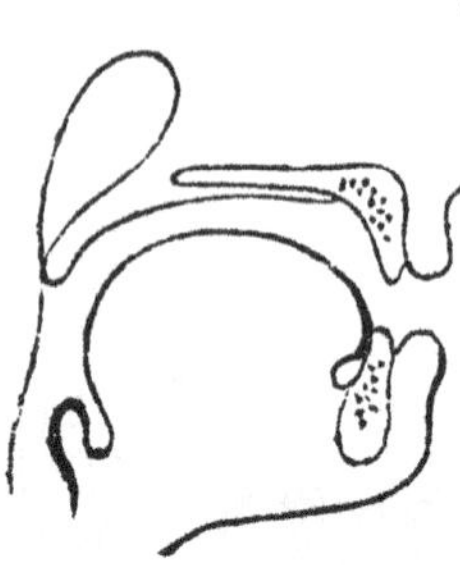
ハ行

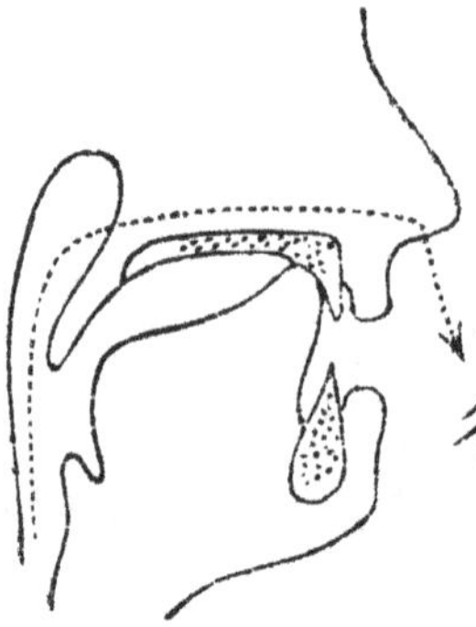
ナ行

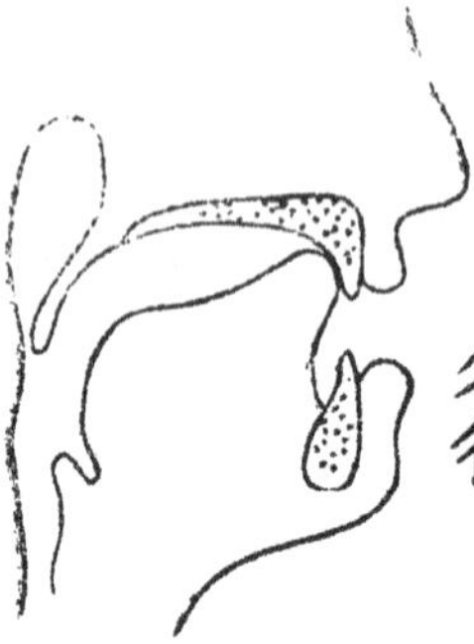
タ行

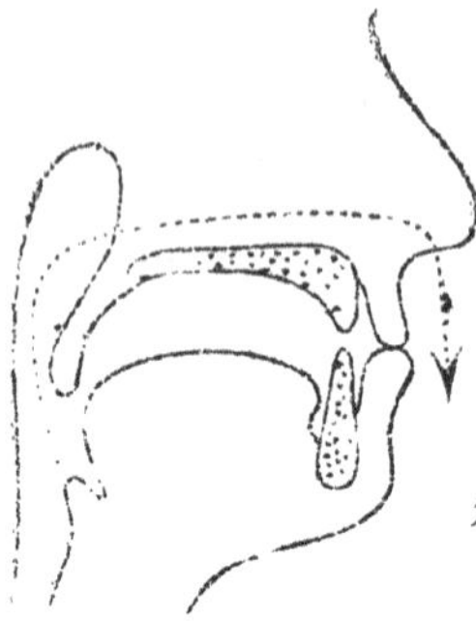
マ行

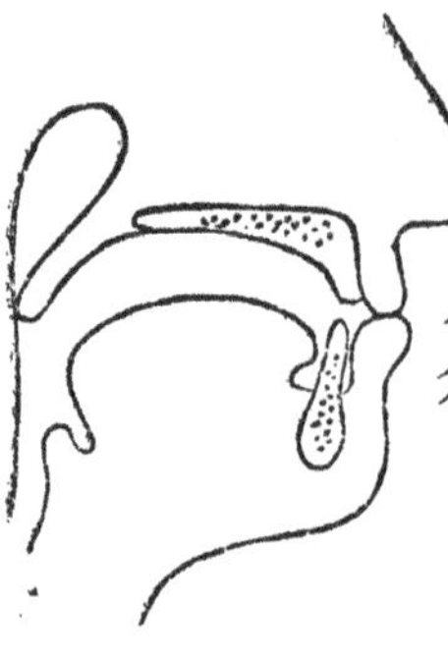
パ行

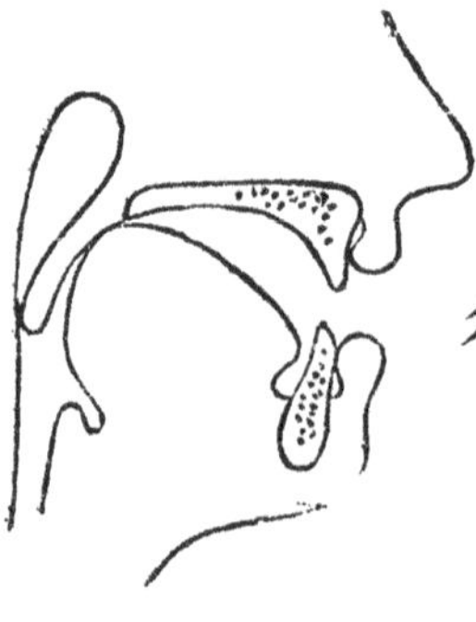
カ行

妖怪談

文學博士 井上圓了演

日本舊有之文明。自中國傳來者居多。如文字。道德。宗教人種。及一切有關係於政治風俗者。無一不自中國來。其他愚民之術。有所謂妖怪之說者。亦傳自中國。蓋日本與中國交通二千餘年。議論學說之陸續轉運者亦二千餘年。日本取其長而利用之。摘其短而變化之。故鎖港時代。取中國學說以保治安。交通時代。取歐西學說以應競爭。今取新得學說以與諸君談。固日本所應還之債。亦中國應收之利也。請與諸君演妖怪談。夫日本妖怪之說。自中國傳來者有三種。曰幽靈。曰狐妖。曰天狗。按日本原來獨有之物。大要有五。一天皇傳位二千餘年。二假神道以設教。三佛法大行廣說原因。四富士山高出全國。五天狗。是天狗爲日本原有之說。但

其名則傳自中國所異者中國謂天狗爲神類又指爲星宿之名日本謂天狗爲妖類。天狗者其鼻最長者也

中國小說載狐妖靈異約數百種謂狐老爲妖幻作人形以迷人且能司人禍福鄉愚立狐仙祠以祈福者相接於道日本此風至今不絕。要皆黠詐之徒假狐欺人以歛香火資耳可統於幽靈類故專就幽靈論之

中國所謂幽靈專指鬼魅而言日本謂幽靈不止鬼魅究其原始可分爲四一僞怪：二誤怪：三假怪：四眞怪

僞怪者何大抵爲人所臆造虛張形勢以嚇人誆騙人之財物者也因舉其例

日本某村有女子不見數日倏忽夜歸身着白衣首裹白布似幽冥陰慘之狀顫聲告其父母曰我乃爾之女也身死不僵不能脫胎轉生給我生前衣服著之方能離魂轉世母憐之給與衣服遂杳然而去越數

日復來索簪環。家人疑而迹之尾至深山一家女飄然而入潛窺之見其女卸假裝方悟其詐

又江都東叡山下有不忍池々中有小嶼建天女祠一官命浚其池將開工本鄉有一富翁家有小池亦建有天女祠朝夕祈禱以求福一夕有女客叩門。家人迓之見其秀曼都雅靚裝炫服翳從蔽戶侍婢十餘皆殊色家人驚爲神仙奔告主翁主翁倉皇迎入曰天女下降有何見諭女客微笑曰妾即不忍池主辨才天之使也頃聞官興浚池之役天女神通勺水原可托身。其他鱗介族屬遽失巢窟無生可托天女憫之使妾假主人園池肯俯允否主翁固敬神者欣然樂從乃約以期曰某日夜半風雨大作是天女命駕時也且戒及期闔家不宜窺戶外。恐遭神譴主翁唯々鄭重而去及期夜半果風雨大作若驚濤撼岸萬馬奔騰家人皆屏息不敢窺。黎明風雨漸斂開戶見之府庫空洞。金帛財物悉

爲鳥有。方悟大盜假浚池之役冒天女使者以掠奪其財物耳其爲風雨聲者。蓋使人曳柴撼竹以亂其拚運財物之聲而已觀此二則可爲僞怪之證

誤怪者即夜間所見之影眼光恍惚不辨眞僞中心忐忑遂以訛傳訛而疑爲妖所謂妖由人興也因舉其例

一術士半夜自荒野歸瞥見一物披髮而立若有捕人之狀術士駭然疾走其物尾而追之愈追愈厲士抵家。撞門驟入隨手閉門覺其物自身後抓住奔之不脫士駭極狂呼驚起家人燃燭視之見其衣夾門縫中。啓門應手而脫並無一物乃同家人迹其鬼物之所在則見有垂楊一枝。遺於門外而已。

日本鄉間某甲。旅行東京忘告其家人友朋亦無知者家人遍覓不獲適東京空屋有死屍一具家人疑其死遂葬之然其本人實遊玩東京

尚未死也後歸家々人驚怖爲鬼。爭辨莫决請醫診視之羣疑乃解觀此二則皆所謂誣怪也

假怪者本非怪也厥有二種一古書所載某人死而靈魂不滅見其髑髏繁盛衣服華麗適至某處爲神靈如夷堅志洛神賦聊齋志等皆虛擬異言故神其說而已一感外界之物件而生(外界者以身爲界凡身外之物曰外界。)或幽僻之地黑暗之時感外界之物件而疑之或因人言某深林某墳塚有鬼物而我豫期之心懷懼怯而豫防之總之怪者由內界與外界相湊合而成。如能深自攷察透徹光明自無妖怪矣又假怪之現關係於身體者有之

一由精神疲倦

一由酒醉昏迷

一由炎病溫度高而方寸亂

一由神經替亂之時所見物變其常態

如余庚子夏自橫濱乘火車至東京天氣蒸炎身體疲倦於帳內歇息其帳甚廓大甫睡帳忽縮小加於身用强力支持稍起又覺他物將身壓下以手摩之則手不能動掉頭望之則頭不能轉氣盡力竭忽將妖物捉住形甚可怖覓刀殺之摸索不得適有帚及扇在旁合而擊之怪受傷嘯然而鳴余亦疲病驚醒乃一夢也寂無一物帳依然未動其嘯然而鳴者蟬聲也因睡時有帚及扇在旁故聯合而成此夢耳總之夢者由心的狀態而生也夷堅志載一人夜起於廁所踏梨跌倒返寢夢與梨競爭此由心的想像而生也

又妖怪因人心而生者亦有三

一由人心之恐怖與疑惑而生

凡夜間行路至濃陰叢密處而心中懼怯則聞風聲鶴唳亦膽戰心驚

二由人心之鬱結與專注而生

凡心中專注一事積久不散。則生種々之現象如兒死而親思之夫死而妻思之戀々不輟。遂有妖兒亡夫之鬼時恍惚於眼廉耳膜間

三由知識未開不辨事物之眞理遇外界目所罕見耳所罕聞之物皆謂之怪

人有知識則能攷察眞理不爲外物所迷無知識則心中惶惑雖微物細故亦有大驚小怪之狀

凡此妖怪之起由外界之物件觸目而生疑合內界之思想捫心而誤會不知外界之形々色々千變萬化謂之爲妖則是妖不謂之爲妖則非妖種々現象皆憑心而生

眞怪者眞正之怪非假僞者也是何物耶非人所造即現今世界自然之現象是也如精神之所感通電氣之所傳達皆謂之眞正妖怪苟不明精

神與電氣之理有不疑爲鬼魅之靈哉在歐西諸國研究精神與電氣之理最爲發明近尙有信妖怪之說余素持無鬼之論居美時曾著有妖怪叢談一書因詢其國妖怪之據彼等持畫與余觀曰此幽靈畫也試以白帋蒙之轉瞬則蒙紙有畫若係人爲何如此之速耶又有方紙周邊寫英文小字中寫漢文大字亦以爲鬼書因其罕見漢文故也入石板二塊一有字一淨面合之則連絡不開頃自開而板皆有字諸如此類皆謂之幽靈之作

以歐西之文明尙崇信妖怪如此殊覺不解無感乎中國古書所載上封事而有占謀相位而問卜數千年信怪之說牢不可破以釀成拳匪之亂紅燈之謠皆此信怪之說階之厲也日本讀中國書二千餘年其迷信亦與中國等今科學漸次發明所研究新得之理還以貢之中國以續中國之無鬼論

课外余谈 终